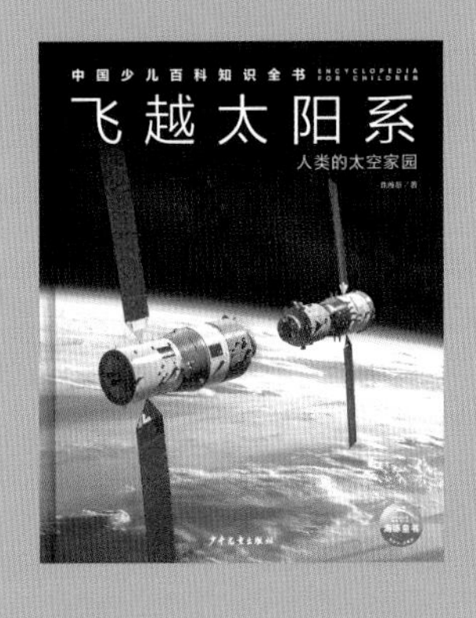

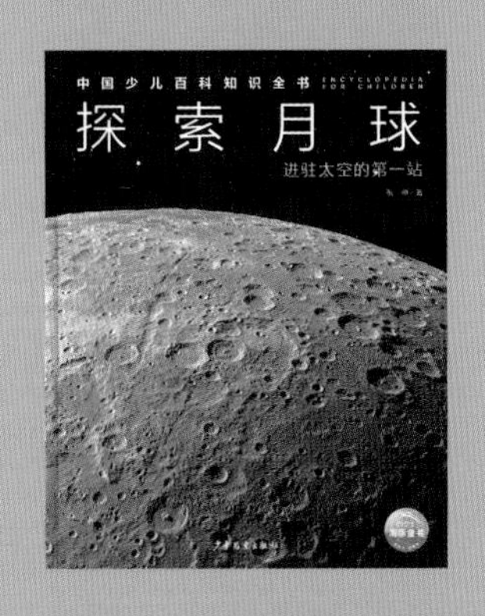

中国少儿百科知识全书 精装典藏本

ENCYCLOPEDIA FOR CHILDREN

精彩内容持续更新，敬请期待

ENCYCLOPEDIA FOR CHILDREN

中国少儿百科知识全书

水的旅行

奇妙的地球环游记

张衡　王惠敏／著

少年儿童出版社

变身一颗小水滴，开始奇妙的地球环游吧！第一站是天空，你将乘坐“云霄飞车”，穿过“闪电隧道”，目睹“冰雪狂舞”；第二站是陆地，你将四处狂奔，潜入地下，前往洞穴世界；第三站是海洋，你将搭乘“黑暗电梯”，穿过缤纷的珊瑚礁，抵达危机重重的“黑烟囱”；第四站是冰川世界，你将跨越南北极，穿越世界屋脊……

水，是神奇的小精灵，它四处溜达，飞天遁地，到处都有它的踪迹。水，是生命的源泉，有了它，万物才能生生不息，地球才能生机勃勃！

中国少儿百科知识全书

ENCYCLOPEDIA FOR CHILDREN

总　序

科技是第一生产力，人才是第一资源，创新是第一动力，这三个“第一”至关重要，但第一中的第一是人才。千秋基业，人才为先，没有人才，科技和创新皆无从谈起。不过，人才的培养并非一日之功，需要大环境，下大功夫。国民素质是人才培养的土壤，是国家的软实力，提高全民科学素质既是当务之急，也是长远大计。

国家全力实施《全民科学素质行动规划纲要（2021—2035年）》，乃是提高全民科学素质的重要举措。目的是激励青少年树立投身建设世界科技强国的远大志向，为加快建设科技强国夯实人才基础。

科学既庄严神圣、高深莫测，又丰富多彩、其乐无穷。科学是认识世界、改造世界的钥匙，是创新的源动力，是社会文明程度的集中体现；学科学、懂科学、用科学、爱科学，是人生的高尚追求；科学精神、科学家精神，是人类世界的精神支柱，是科学进步的不竭动力。

孩子是祖国的希望，是民族的未来。人人都经历过孩童时期，每位有成就的人几乎都在童年时初露锋芒，童年是人生的起点，起点影响着终点。

培养人才要从孩子抓起。孩子们既需要健康的体魄，又需要聪明的头脑；既需要物质滋润，也需要精神营养。书籍是智慧的宝库、知识的海洋，是人类最宝贵的精神财富。给孩子最好的礼物，不是糖果，不是玩具，应是他们喜欢的书籍、画卷和模型。读万卷书，行万里路，能扩大孩子的眼界，激发他们的好奇心和想象力。兴趣是智慧的催生剂，实践是增长才干的必由之路。人非生而知之，而是学而知之，在学中玩，在玩中学，把自由、快乐、感知、思考、模仿、创造融为一体。养成良好的读书习惯、学习习惯，有理想，有抱负，对一个人的成长至关重要。

为孩子着想是成人的责任，是社会的责任。海豚传媒

与少年儿童出版社是国内实力强、水平高的儿童图书创作与出版单位，有着出色的成就和丰富的积累，是中国童书行业的领军企业。他们始终心怀少年儿童，以关心少年儿童健康成长、培养祖国未来的栋梁为己任。如今，他们又强强联合，邀请十余位权威专家组成编委会，百余位国内顶级科学家组成作者团队，数十位高校教授担任科学顾问，携手拟定篇目、遴选素材，打造出一套“中国少儿百科知识全书”。这套书从儿童视角出发，立足中国，放眼世界，紧跟时代，力求成为一套深受 7 ~ 14 岁中国乃至全球少年儿童喜爱的原创少儿百科知识大系，为少年儿童提供高质量、全方位的知识启蒙读物，搭建科学的金字塔，帮助孩子形成科学的世界观，实现科学精神的传承与赓续，为中华民族的伟大复兴培养新时代的栋梁之材。

“中国少儿百科知识全书”涵盖了空间科学、生命科学、人文科学、材料科学、工程技术、信息科学六大领域，按主题分为120册，可谓知识大全！从浩瀚宇宙到微观粒子，从开天辟地到现代社会，人从何处来？又往哪里去？聪明的猴子、忠诚的狗、美丽的花草、辽阔的山川原野，生态、环境、资源，水、土、气、能、物，声、光、热、力、电……这套书包罗万象，面面俱到，淋漓尽致地展现着多彩的科学世界、灿烂的科技文明、科学家的不凡魅力。它论之有物，看之有趣，听之有理，思之有获，是迄今为止出版的一套系统、全面的原创儿童科普图书。读这套书，你会览尽科学之真、人文之善、艺术之美；读这套书，你会体悟万物皆有道，自然最和谐！

我相信，这次“中国少儿百科知识全书”的创作与出版，必将重新定义少儿百科，定会对原创少儿图书的传播产生深远影响。祝愿“中国少儿百科知识全书”名满华夏大地，滋养一代又一代的中国少年儿童！

中国科学院院士
火山地质与第四纪地质学家

目 录

ENCYCLOPEDIA
FOR
CHILDREN

神奇的水世界

从太空看地球，地球是一颗蓝色的水球。一颗小小的水滴里面大约有 16 万亿亿个水分子。

空中来客

大气中的水分子极不安分：它们有时化身为四处穿梭的云，有时化身为电闪雷鸣的雷雨，有时又会变成呼啸而来的暴风雪。

陆地上的旅行

在广袤的大地，河流就像一条条血管，湖泊就像一颗颗珍珠，溶洞就像一个个漆黑一片的地下大厅。

前往海洋

浩瀚的海洋约占地球表面积的71%，约占地球上总水量的97%，最深处约达11千米。

冰封的世界

地球绕着倾斜的地轴不停转动，只不过我们看不见它。如果站在南极点或北极点，你会发现你一直在原地转圈圈。

水与地球

无处不在的水就像充满力量的大地雕刻师。它们四处穿梭，变成了锋利的“斧头”“铁铲”“利刃”或“钻孔机”。

附　录

蓝色水星球

从太空看地球，地球是一颗蓝色星球，这一切都是水的“功劳”。太阳光由红、橙、黄、绿、蓝、靛、紫七色光复合而成，当阳光照到海水上，其中的红光、橙光、黄光由于波长很长，容易被水吸收，而蓝光和紫光波长短，容易被反射、散射回来。反射回来的蓝光进入人的眼睛，所以我们从太空看到的地球是一颗蓝色星球。

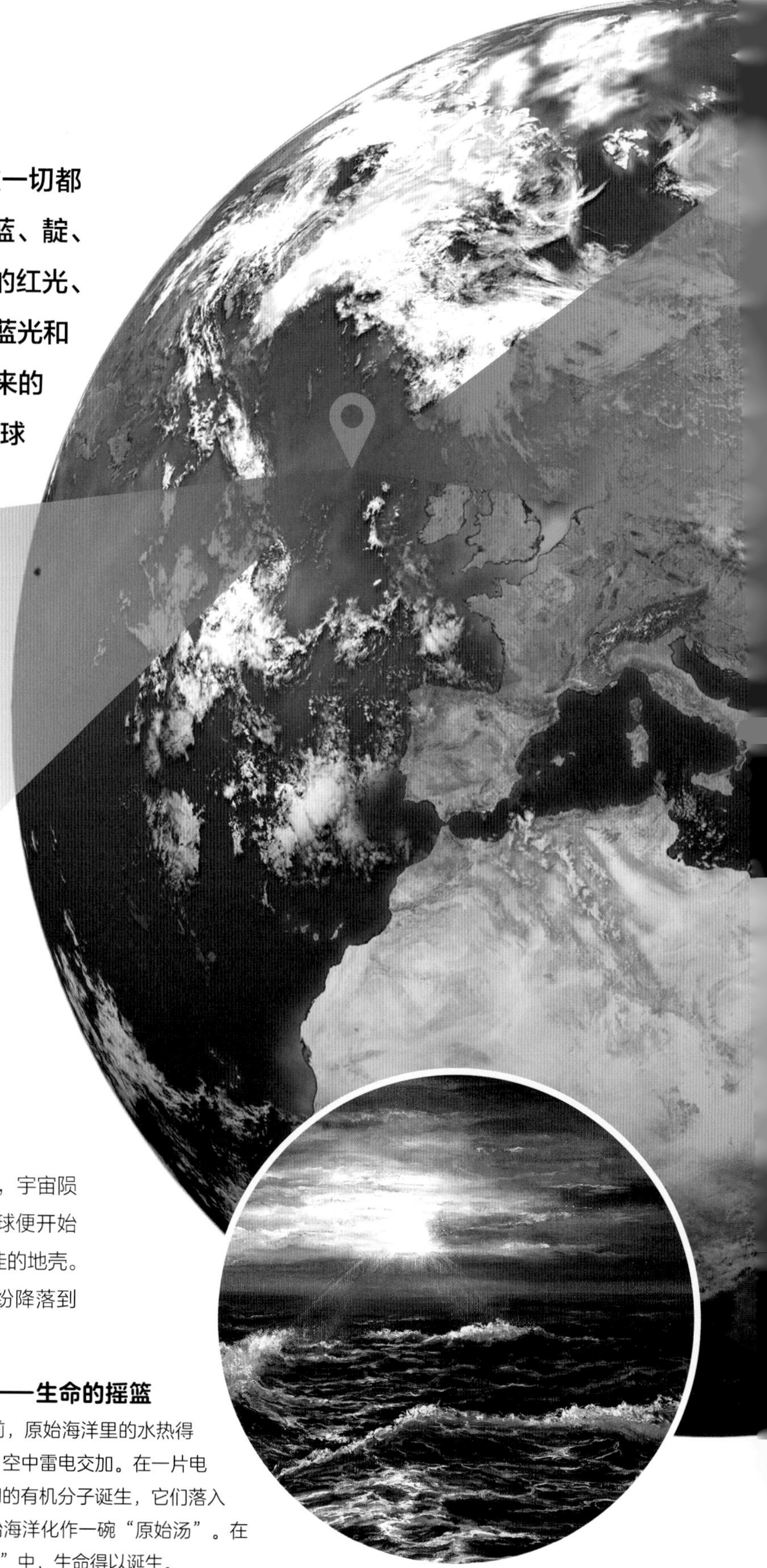

71%

地球是一颗“水球”，它的表面约有71%的面积被水覆盖。

原始海洋

地球刚刚诞生的时候，到处是喷发的火山和滚烫的熔岩，宇宙陨石也不停撞向地球。后来，陨石逐渐消停下来，平静后的地球便开始降温。于是，火山喷出的熔岩慢慢凝结成块，变成了坑坑洼洼的地壳。火山喷出的气体中有许多水蒸气，它们冷却后变成雨滴，纷纷降落到地表。在低凹的地方，雨水汇聚成了原始海洋。

“原始汤”——生命的摇篮

30多亿年前，原始海洋里的水热得直冒泡。那时，空中雷电交加。在一片电光石火中，最初的有机分子诞生，它们落入海水中，将原始海洋化作一碗“原始汤”。在滚烫的“原始汤”中，生命得以诞生。

不安分的水分子

如果潜入一颗小水滴的内部，你可能会遇到16万亿亿个水分子。水分子是一群不安分的小家伙，它们无时无刻不在运动。在滚烫的开水中，它们格外活跃，总是上蹿下跳，直到变成我们看不见的水蒸气。在冰块中，它们十分乖巧，总是井然有序地排列在一起。不过，到了水中，它们又乱作一团，开始四处流动。

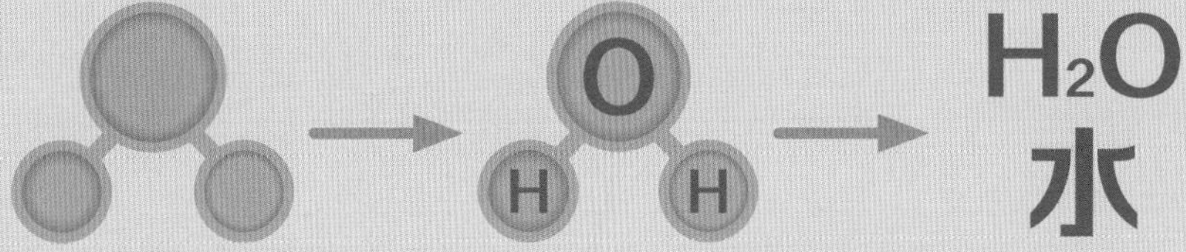

每个水分子（H_2O）都是由2个氢原子（H）和1个氧原子（O）构成，直径约为0.4纳米。

漂浮的冰川

水在4℃时密度最大，高于或者低于4℃时，密度都会变小。虽然冰川看起来庞大无比，但由于密度比海水低，它只能漂浮在水面上。

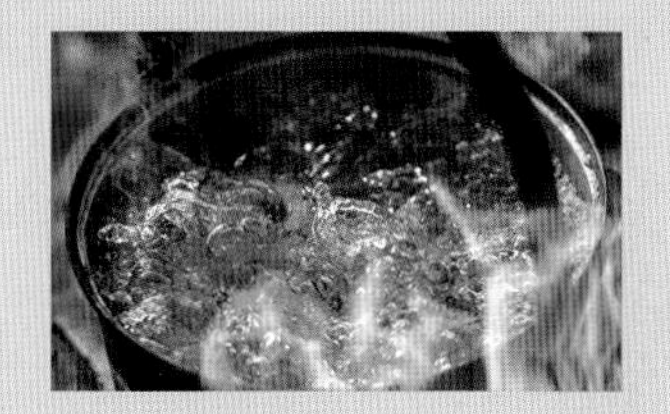

72℃的开水

100℃的水才会沸腾？那可不一定。如果能登上珠穆朗玛峰峰顶，并在海拔8 848.86米处烧一壶开水，你只需要将水加热到72℃，水就会沸腾。

火星上有水吗？

2003年6月2日，欧洲空间局第一个火星探测器“火星快车”号发射升空。经过6个月的星际远航，它终于抵达火星附近。此次火星之旅的一个重要任务就是探测火星上是否有水存在。2004年1月，“火星快车”号拍摄到了火星南极冠有一片冰冻海洋，但那里几乎全部是水冰，没有液态水。

水的魔法

水是一位擅长变身的魔术师，温度是它的魔法，水蒸气、液态水和冰是它的分身。

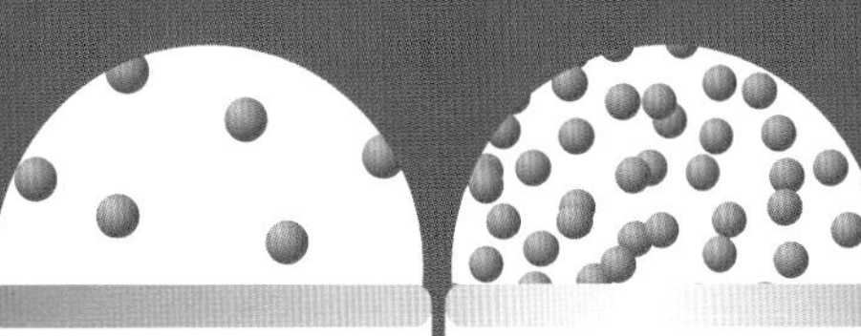

当水的温度达到100℃*时，水会沸腾，变成气态的水蒸气。活跃的水分子升至空中，它们会变成大气层的小成员。

当水的温度处于0～100℃时，水是一种无色、无味、无臭的液体，它们会流动，江、河、湖、海、洋中都有它们的踪影。

当水的温度低于0℃时，水会冻结，变成固态的冰。在冰天雪地的极地，冰川中的水分子会井然有序地排列在一起。

*在标准大气压下。

雪花人

“世界上没有两片相同的雪花。”你是否怀疑过这句话？又是否去寻找过答案呢？1865 年 2 月 9 日，在美国佛蒙特州一个偏远小镇的农场里，一个小男孩出生了。从小他就对雪花十分着迷。为了探索世上是否有两片相同的雪花，他甚至花费了一生的时间。他就是“雪花人”——威尔逊·本特利。

在本特利拍到的 5 000 多张雪花照片中，每一朵雪花都不相同。

奇妙的发现

本特利的故乡处于“雪带”的正中心，每年冬天，这里都会下很大的雪。下雪时，其他小朋友都在堆雪人、打雪仗，本特利却对雪花十分着迷，他喜欢仔细观察每一朵雪花的形状。

15 岁时，在父亲的赞助下，本特利终于得到了一台旧显微镜。在显微镜下，雪花有着各种各样的形状，这让本特利十分欣喜。他开始尝试在雪花融化之前画出它们的形状，但非常遗憾的是，雪花总是融化得太快。在一朵雪花消失之前，他根本来不及完整地画出所有的细节。

为什么雪花大多是六角形？

雪花是由冰晶组成的，由天空中的水汽经凝华而成。冰晶属于六方晶系，大部分冰晶的雏形都是六角形的。小冰晶从6个角开始“发芽”，看起来就像长出了6只小手臂。

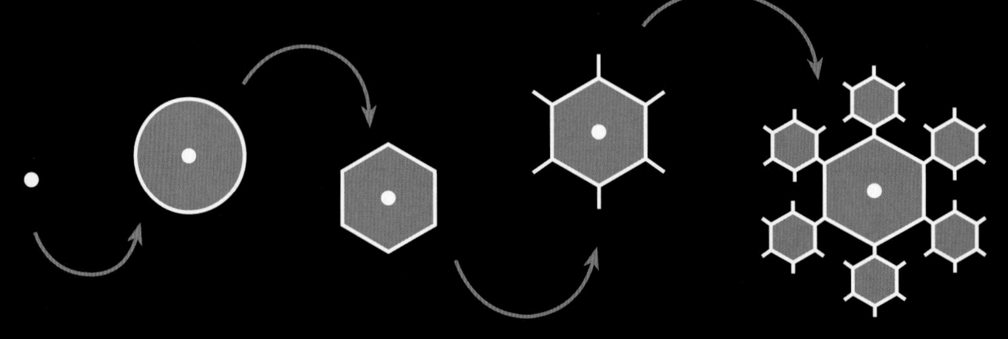

0℃ −5℃

各种各样的雪花

当雪花穿过云层时，它不停地旋转着向下降落。由于旅程一样，雪花的6个角会发生相似的变化，它们一起变长、变大，长出对称的形状。不过，温度和湿度无时无刻不在变化，没有两片雪花会走上完全一样的旅程，所以世界上并没有两片完全相同的雪花。

枝晶状

星盘状

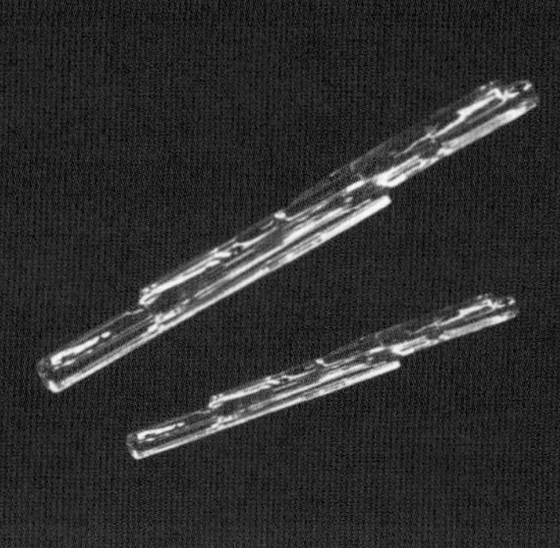

针　状

显微照相机

画雪花的速度总是赶不上雪花消失的速度，这让本特利苦恼不已。看来，一切只能依靠相机了。但对于生活在农场里的本特利而言，一台相机太过昂贵，他根本负担不起。

19 岁时，在母亲的全力支持下，本特利还是如愿地买下了一台相机。经过一番冥思苦想，聪明的本特利将相机和显微镜组装在一起，设计出了一架“显微照相机”。1885 年，借助这架“显微照相机”，20 岁的本特利终于拍到了历史上第一张雪花的照片。

本特利曾说：“在显微镜下，雪花实在太美了，如果没有其他人看到和欣赏它的美，那似乎是一大遗憾。”

雪花摄影师

热爱与坚持胜过世界上的任何东西。在往后的 46 年里，本特利成了一名专业的“雪花摄影师”，他利用自制的“显微照相机”，一共拍摄到 5 000 多张雪花照片。

1924 年，为了表彰他“40 年来极为耐心的工作”，美国气象学会奖励给他第一份研究津贴。这位来自偏远小镇的农民终于成为一位研究雪花的科学家。1931 年 12 月 7 日，他做了人生最后一次气象记录：“下午寒冷，北风，飞雪。”此时，他已卧病在床数日。圣诞节前夕，他因肺炎医治无效与世长辞。

本特利曾说：“我不能错过任何一场雪，因为我永远不知道什么时候会有奇妙的发现。”最终，他在拍雪花时遇上暴风雪，并因感染肺炎而离世。

-10℃ -20℃

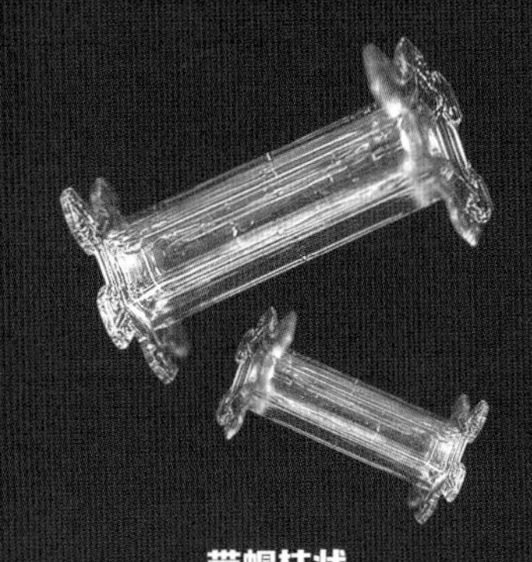

带帽柱状

枝晶状

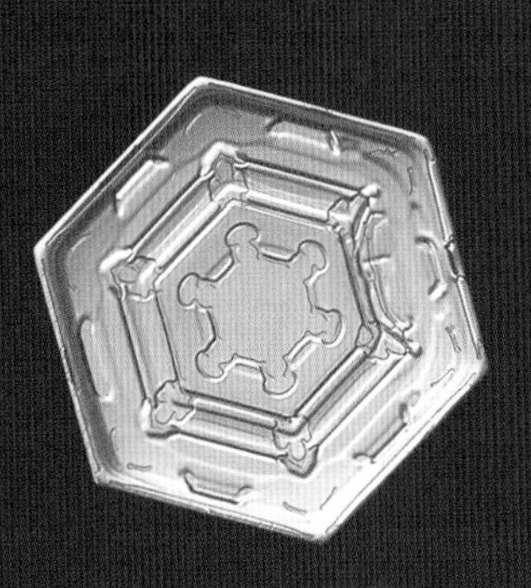

盘　状

分支星状

循环的小水滴

在厚厚的云层里，一颗小水滴正在空中四处飘荡。来到一片森林的上空后，它感觉身体越来越沉重，再也无法继续向前。很快，它变成了雨滴，径直向下坠落。它先抵达一棵大树的树冠，接下来又乘坐“叶片滑梯”，“咕噜咕噜”地从一片叶子滑到另一片，直到滑至地面。它是不是就这样消失了？不，故事才刚刚开始。

1 云霄飞车

小水滴搭乘一辆“云霄飞车”，在森林的上空飘荡。

潜入地下世界

故事才刚刚开始？没错，小水滴来到了阳光止步的森林地面。在刚下过大雨的森林里，此时的地面就像一块吸满了水的海绵。抵达地面后，小水滴们打算分头行动：有的留在地表，变成了小水坑；有的打算潜入地下，开启地下冒险之旅。

小水滴也打算潜入地下：它先一头钻进蚯蚓刚刚挖好的地下隧道，“咕噜咕噜……咕噜咕噜……”小水滴一路欢快地滚动着。“砰”的一声，地下隧道突然到头了。小水滴来不及刹车，一头栽进了一个又冷又湿的小孔洞。在黑黑的孔洞里，小水滴急得四处乱窜，慌乱之中撞上了一个粗壮的家伙……

2 叶片滑梯

小水滴乘坐森林里的“叶片滑梯”，“咕噜咕噜”地一步一步向下滑落。

3 蚯蚓隧道

在森林的土壤里，蚯蚓们挖出了一条条四通八达的“地下隧道”，小水滴打算沿着这些“隧道”潜入地下。

升入高空

原来，这个粗壮的家伙就是潜伏在地下的大树根。大树根毫不客气，“吧唧”一口将小水滴吞入体内。

雨过天晴后，太阳再度开启暴晒模式。招架不住的树叶们有些干渴难耐，纷纷向大树根求助。于是，顺着树干中的维管束，大树根将小水滴送给了树叶。就这样，小水滴一路向上，直抵叶片。不过，太阳丝毫没有变温柔，树叶被晒得昏头昏脑，它们只好张开气孔，让自己透透气，变得凉快一些。气孔打开之际，小水滴抓住机会，变身为水蒸气，迅速蹿出叶片，一路升入高空，终于重获自由。不过，过不了多久，水蒸气又会飘进厚厚的云层里，变为小水滴。故事又将从头开始……

6 **叶片气孔**

叶片上有许多微小的气孔，它们就像叶片的嘴巴，可以让叶片自由呼吸。小水滴将从这里变为水蒸气，重返天空。

4 **大树根**

粗壮的大树根一把拽住小水滴，“吧唧”一口将它吞进体内。

5 **树干吸管**

顺着树干中的维管束，小水滴从树根来到了树叶上。

云霄飞车

飞上天空后，水蒸气会遇到寒冷的空气，变成小水滴或者小冰晶。它们聚集在一起，形成了一片片飘浮的白云。在蓝天之下，流动的大气搭建了一条完美的轨道，小水滴和小冰晶乘坐“云霄飞车”，开始了它们的空中旅行。

CloudSat 卫星

2006 年 4 月 28 日，美国航天局成功发射一颗 CloudSat 卫星。这颗卫星是一颗云探测卫星，它可以探测云在空中的垂直结构（从云顶到云底）。

卷　云

冰晶被风吹拂成羽毛状，形成卷云。高而薄的卷云看上去就像一缕缕银发。农谚道：“游丝天外飞，久晴便可期。”

卷积云

鱼鳞状或球状的白色细小云块排列成群，形成了卷积云，就像微风拂过水面泛起的小波纹。农谚道：“鱼鳞天，不雨也风颠。”

卷层云

冰晶布满天空，扩散成高而薄的卷层云，仿佛一层轻纱。日月穿透云层，常伴有晕圈出现。农谚道：“日晕三更雨，月晕午时风。”

高积云

小云块或聚集成群，或排列成行，形成波浪状的高积云。它们厚薄不均，云隙之间会露出蓝天。农谚道：“天上瓦块云，地上晒煞人。”

高　云

在 6 000 米以上的高空，水蒸气凝华成微小的冰晶，它们慢慢聚拢，形成了千变万化的纤维状高云。

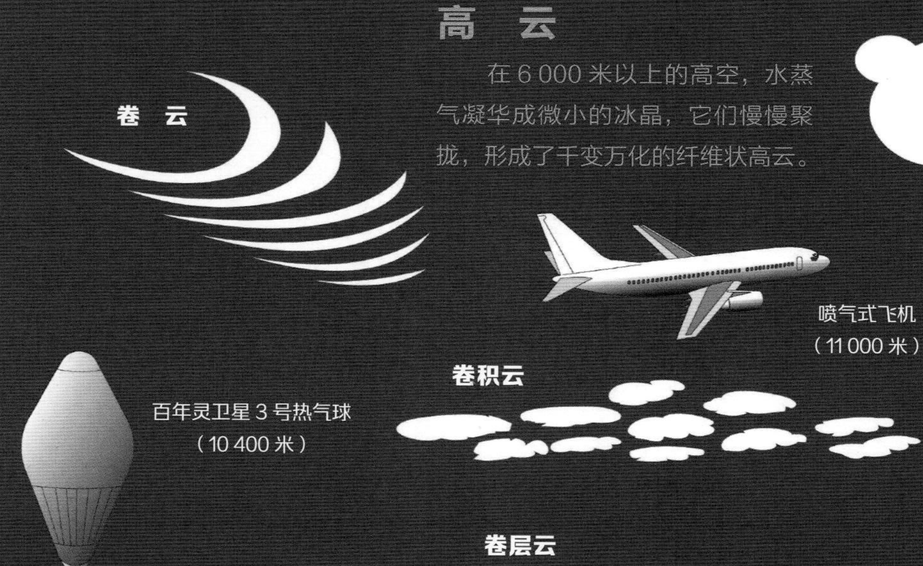

中　云

在 2 000 ~ 6 000 米的高空，微小水滴、过冷水滴和冰晶混合在一起，形成了千奇百怪的中云。

高层云

高层云像一块巨大的幕布铺满天空，虽然透过高层云，我们能看到日月模糊的轮廓，但好像隔了一层毛玻璃。高层云的出现预示着阴雨天气即将到来。

层积云

灰白色或灰色的层积云大小、厚薄不匀，形状也有较大差异，有条状、片状或团状，这些云块常常成群、成行或成波状排列。

积　云

在晴朗的午后，低空的水汽凝结，形成了轮廓分明的积云。农谚道：“馒头云，天气晴。”

积雨云

积雨云浓厚庞大，像耸立的高山。云顶展平成砧状，底部十分昏暗。农谚道：“天上铁砧砧，地上水成滩。”

雨层云

雨层云低而厚密，能遮蔽日月，笼罩天空，让大地一片昏暗。农谚道：“天上灰布云，下雨定连绵。”

层　云

灰白色的层云均匀呈幕状，形似浓雾，云底很低，但不接触地面，经常笼罩山体和高层建筑。

低　云

在 2 000 米以下的低空，低云四处飘散，厚厚的云底由许多小水滴组成。水分丰沛的低云经常会带来雨水天气。

观云识天

天空中的云朵千姿百态，有的像棉花糖，有的像羊群，有的像高山……其实，云就是天气的“招牌”，天上挂什么云，未来就有可能出现什么样的天气。如果天空中的云很薄很少，这往往预示着天气晴朗；如果天空中的云层低而厚密，这预示着阴雨风雪天气即将来袭。

雷雨来袭

在一团巨大的积雨云里，小水滴和冰晶正经历着激烈的碰撞和摩擦，巨量的电荷潜伏在云层里。积雨云的底部乌云滚滚，天空一片昏暗。突然，一道锯齿状的闪电穿过乌云；接着，一声巨雷轰鸣，响彻大地；在一阵电闪雷鸣之中，大滴的雨点重重地砸在地上，一场倾盆大雨不期而至。

巨量电池

炎炎夏日，经过太阳的猛烈炙烤，水蒸气显得格外不安分。它们迅速蹿到空中，聚集成一团团积云。不久，这些积云也会渐渐相聚，直到变成一团浓密的积雨云。到了厚厚的积雨云中，热气流就像一位无敌破坏王，它搅动着云层里的水滴和冰晶，让它们不停上下翻飞。激烈的翻滚、碰撞和摩擦会让水滴和冰晶起电，整个积雨云会变成一块“巨量电池”。

闪电奇观

在积雨云中，巨量电荷随着水滴和冰晶上下翻飞。经过一番折腾，电荷开始分离，正电荷蹿到了云的上端，负电荷则聚集在云底。感应到云底的负电荷后，地面也会短暂地带上正电荷。随后，正电荷和负电荷开始相互吸引，它们击穿空气层，打通一条条长达数千米的“闪电通道”。此时，在一片片锯齿状的闪光中，巨量电荷开始放电……

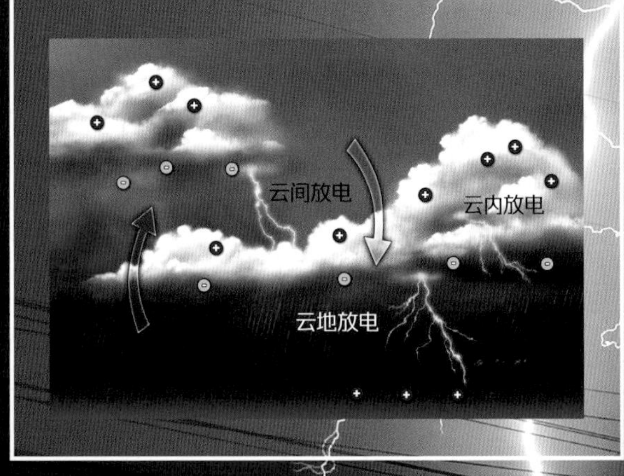

线状闪电

这种闪电是一种蜿蜒曲折的巨型电气火花，它看似势单力薄，却是闪电中最强烈的一种。在放电的瞬间，它产生的电压高达1 000~100 000千伏，人如果触碰到它恐怕瞬间就会灰飞烟灭。

球状闪电

这种闪电俗称“滚地雷”，它像一团不停移动的火球，可以小如拳头，也可以大如足球。它出现时常伴有“咝咝”或者“噼啪”的声响，消失时则往往会留下具有刺激性气味的烟雾。

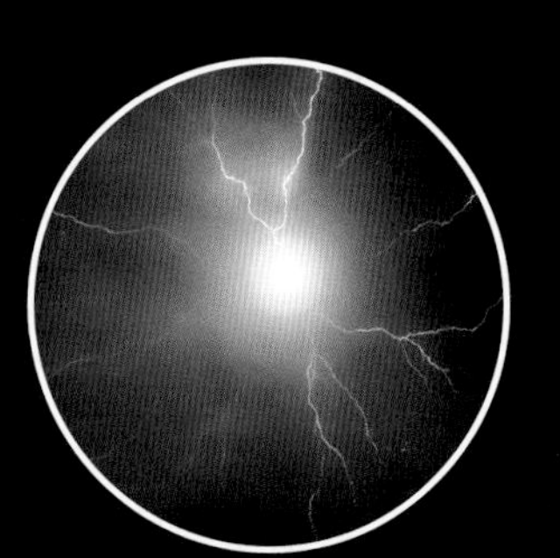

雷雨来袭

在一片混乱之中，小水滴在云层中慢慢聚集，合并成大水滴，大水滴又合并成更大的水滴，直到向上蹿的热气流再也托不住它们，这群大水滴就开始从云中极速向下坠落。下面的热气流还来不及升到高空，就被突如其来的大水滴直接拦截，它们迅速变冷，无法继续向上冲。此时，巨量的电荷开始放电，形成了一道道耀眼的闪电。同时，整个“闪电通道”上的空气被迅速加热，温度可升至近30 000℃。紧接着，空气又会冷却。在突然膨胀和突然收缩之间，冲击波产生了，它们以超声速向外传播，我们就会听到一阵轰隆隆的雷声。在电闪雷鸣之中，狂风骤雨径直扑向地面。

片状闪电

这种闪电看起来就像出现在云面上的一片闪光，它可能是云背后看不见的闪电的回光，也可能是云的上部放电时发出来的丛集的、若隐若现的闪光。相较于其他闪电，它的电量弱多了。

链形闪电

当云和大地或者云和云之间放电时，我们会看到这种罕见的闪电。它就像一条发光的虚线，也像一条粗粗的链条。它既没有线状闪电细，也没有球状闪电宽，而是介于两者之间。

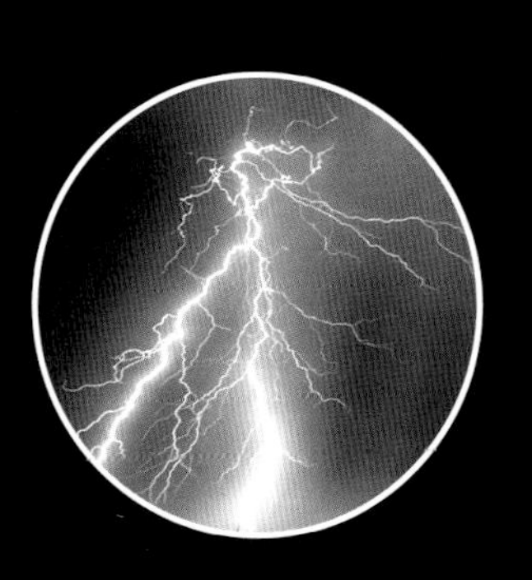

可怕的暴风雪

厚厚的云层在天空中四处穿行，里面不仅有液态的小水滴，也有固态的小冰晶。在低温的云层中，水蒸气凝华为非常微小的六瓣冰晶。由于云层中的温度和湿度瞬息万变，雪花的形状也千奇百怪。在到达地面之前，绝大多数雪花都已经融化，只有当地面非常寒冷时，它们才会以雪花的形态抵达地面。

知识加油站

暴风雪是南极的“常客”，也是南极最可怕的天气，更是夺去南极科考人员生命的最大元凶。每年，它都会多次光临南极，而且每次会持续好几周，它强大、持久的杀伤力让南极变得对人类极不友好。至今，南极仍然没有常住居民，只有少量的科考人员轮流在科考站执勤。

暴风雪来袭

大多数时候，大雪并不太可怕，但一旦遇上风暴，一切就变了。当风暴的速度维持在 56 千米/时以上，强风呼呼作响，大量的雪被卷入空中，到处都是白茫茫的一片。人们很难判断雪花到底是从天空飘落下来的，还是从地面被卷入空中的。此时，气温骤降至 -5℃以下，能见度不足 1 千米，人们几乎寸步难行，交通更是严重受阻。这场风暴与大雪的组合就是暴风雪，它还有一个更酷的名字——雪暴。

一旦暴风雪来袭，结冰的道路让汽车非常容易打滑，导致交通陷入瘫痪，许多汽车都会被卡在路上。

暴风雪的故乡

南极不仅是世界的“风极”，也是暴风雪的故乡。在南极，风暴和大雪仿佛是一对连体婴，它们时不时就会席卷整个南极大陆。当暴风雪光临南极时，它的平均风速可达 160 千米/时，威力堪比 14 级强台风。此时，整个南极都十分危险，对于科考人员来说，无论是徒步考察，还是驻扎在冰上营地，或者待在南极科考站，一切都是徒劳。呼啸的狂风很快就会带走热量，让人和动物迅速失温甚至死亡；卷起的暴风雪会摧毁帐篷和房屋，卷走车辆，甚至让整座科考站化为一片废墟。

安全小贴士

一旦遇到突如其来的暴风雪，我们该如何应对呢？

- 尽量待在室内，不要外出；
- 一定要做好保暖措施，避免被冻伤；
- 如果在室外，要远离广告牌、临时搭建物和老树，避免被砸伤；
- 如果开车出行，一定要做好防滑措施，路上慢行，避免急刹车；
- 要听从交通警察指挥，服从交通疏导安排；
- 如果发生断电事故，要及时报告电力部门。

你知道吗？

1993 年 3 月 11–13 日，暴风雪横扫美国东部 17 个州、加拿大东部和古巴北部，普遍降雪 30 ~ 60 厘米，24 小时积雪最深达 4.2 米，219 人不幸遇难，数百万人撤离家园。其来势之猛、肆虐范围之广、破坏性之大，堪称 20 世纪之最。

超级破坏王

雪大、风猛、降温快、破坏性大，这就是暴风雪，一位来自大自然的超级破坏王。当暴风雪来袭，大量的牲畜和农作物被冻死，铁轨被埋，道路阻塞，飞机停航，更可怕的是，频发的交通事故会造成大量的人员伤亡。如果在野外，人们极容易迷失方向，被困住甚至冻死在野外。畜群的牲畜则更加惊恐不安，它们无法辨清方向，在风中狂奔不止，人们无法将它们赶拢回圈，牲畜极有可能摔死或冻死。在暴风雪面前，大风寒潮、大雪寒潮这些极端天气的破坏力根本不值一提。

地表的旅行

当雨滴和雪花从高空坠入大地后，这些“空中来客”即将开启一段新的旅程。陆地之旅的第一站是地表，地表的水无处不在，冰川、河流、湖泊和沼泽都是它们的旅行通道。在高山和极地，雪花加入厚厚的冰川，它们在这里缓慢地移动着；在低洼的地面，雨滴慢慢汇聚，它们在低洼处变成河流，在凹地汇聚成湖泊，在无法下渗的地面形成沼泽。

冰　川

雪花降落在寒冷的高山和极地地区，经过层层覆盖，它们紧紧地挤压在一起。在漫长的时间里，它们变成了泛着蓝光的冰层。在压力和重力的作用下，冰层沿着斜坡缓缓移动，逐渐形成冰川。

其实，冰川就是一座“固体水库”，里面储存着大量的淡水。如果全球的冰川全部融化，那么海平面将上升约 66 米，差不多 20 层楼高。那时，地球上所有的沿海平原都将变成汪洋大海。

河　流

高山上的冰川不断消融，它们从高山一路奔涌而来，汇聚成大江大河；雨滴从天空降至地表，它们沿着冲沟和溪涧汇入河流。在宽阔的河道里，河水裹着各种各样的泥沙、石子和其他杂质，一路奔向海洋。

在广袤的大地上，河流就像一个大树杈，四处布满了蜿蜒曲折的河道。为了区别不同的河流，我们把大河流称为江、河、川，把小河流称为溪。

湖　泊

与树杈状的河流不同，星罗棋布的湖泊就像一颗颗散落在陆地上的珍珠。大量的水流注入凹地，封闭的地形让它们无法像河水一样奔腾不息，它们只能短暂或长期地被“锁”在洼地里，形成一个个广阔的湖泊。

许多深处内陆的湖泊十分封闭，只能靠蒸发作用消耗湖泊中的水分。久而久之，湖泊中的含盐量越来越高，湖边甚至被一圈圈银白色的盐带环绕。这种湖泊大多是咸水湖。

沼　泽

在茂密的森林里，枯枝落叶不断堆积，它们给地面盖上一层厚厚的被子。层层树叶遮挡住太阳光，土壤中的水分将地面泡成了一块湿漉漉的“海绵”。当这块“海绵”容不下更多水分时，积水就会在这里慢慢聚积，将森林地面变成一片沼泽。

此外，在低平的草甸里，聚积的水无法潜入地下；在冻土地带，冻结的地面阻止水向下渗；在灌区，人们过度灌溉……总之，由于各种原因，如果水只能逗留在地表，地面长期过度潮湿，各种各样的沼泽就会不断发育。

草甸沼泽：这里经常极度湿润，喜欢潮湿的植物常常在这里聚集成大丛，如芦苇丛、薹草丛等。

森林沼泽：即使土壤过度潮湿，养料不充足，森林沼泽里依然生长着许多高大的乔木和低矮的灌木。

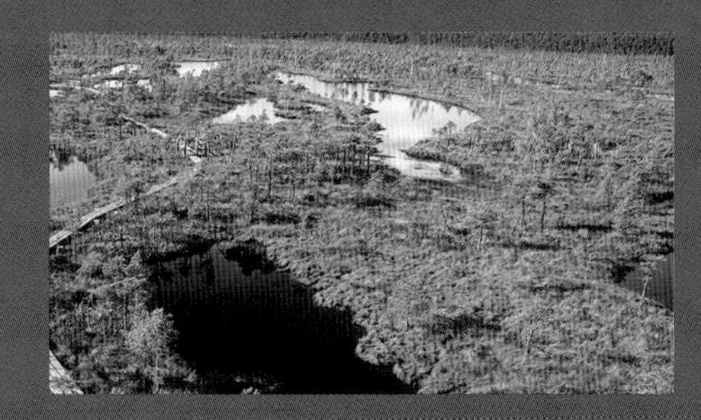

泥炭沼泽：这里覆盖着厚厚的泥炭层，养料十分贫瘠，只有生命力旺盛的苔藓植物顽强地生活在这里。

河 流

从空中坠入大地后，水滴们汇聚在一起，变成了一条条河流。分叉、汇合、分叉、汇合……大干流和小支流在陆地上四处穿梭，它们就像人体内密密麻麻的血管。

热带雨林

亚马孙热带雨林释放出大量的氧气，它被誉为“地球之肺”。

流量最大、流域最广、支流最多

亚马孙河

作为世界第二长河，亚马孙河同时也是世界上水量最大、流域最广、支流最多的河流，河口的年平均流量可达 22 万米^3 / 秒，几乎相当于 7 个长江河口的流量。充沛的河水不仅滋润着南美洲的广袤土地，还孕育出了世界上最大、最神秘的生命王国——亚马孙热带雨林。

埃及金字塔

在尼罗河畔的吉萨高地，世界七大奇观之一的埃及金字塔屹立数千年不倒。

尼罗河

尼罗河是世界第一长河，全长 6 671 千米，它几乎占了整个非洲面积的十分之一。蜿蜒的尼罗河犹如一条绿色走廊，它一路从东非高原奔腾而下，由南向北流入地中海。每年夏季，尼罗河中下游河水猛涨，泛滥的河水将肥沃的淤泥冲向河谷地区。正是在这片河谷绿洲，尼罗河孕育出了举世闻名的古埃及文明，埃及也因此被称为“尼罗河的赠礼”。

鸟的天堂

多瑙河三角洲是“鸟的天堂”，这里是欧洲水鸟最多的地方。

多瑙河

多瑙河是世界上干流流经国家最多的河流，也是欧洲第二大河。它发源于德国黑林山，干流一路向东，沿途流经奥地利、斯洛伐克、匈牙利、克罗地亚、塞尔维亚、罗马尼亚、保加利亚、摩尔多瓦、乌克兰 9 个国家，最终注入黑海。

历史的摇篮

伏尔加河是俄罗斯历史的摇篮，被俄罗斯人亲切地称为“母亲河”。

黄金水道

从春秋时期，京杭运河就已经被开凿，如今它已经流淌了2 000多年。

伏尔加河

深处大陆腹地、远离海洋的伏尔加河是世界上最长的内流河，也是欧洲第一大河，全长3 530千米。由于沿途多是森林和草原，穿行在东欧平原上的伏尔加河宛如一条绿色丝带，滋润着沿岸136万平方千米的肥沃土地。经过一路曲折流转，伏尔加河最终流入里海。

京杭运河

河流并不只是大自然独有的创造，人类也用自己的智慧和勤劳创造出了许多人工河。京杭运河是世界上开凿最早、里程最长、工程最大的人工河。它全长约1 747千米，南起杭州，北至北京，是中国古代劳动人民创造的一条“黄金水道”。

壶口瀑布

黄河水从狭窄的河口喷涌而出，形成了世界上最大的黄色瀑布——壶口瀑布。

金沙江大拐弯

长江上游的金沙江穿山越谷，绕着日锥峰来了一个“Ω”字形的大拐弯。

长　江

长江是中国第一大河、世界第三长河，全长6 300千米。青藏高原奔涌而下的长江水犹如一道道急滩和瀑布，中上游的长江三峡峡谷重重，蜿蜒的中游九曲回肠，和缓的下游江阔水深。经过漫漫长途，长江水最终流入东海。

黄　河

作为中国第二大河，黄河也是世界上含沙量最多的河流。当黄河流经黄土高原时，“几”字形的黄河河道蜿蜒曲折，松散的泥沙纷纷被带入黄河，让黄河变成了一条浑浊的沙河。每年，黄河内的泥沙多达16亿吨，其中12亿吨流入大海，剩余的4亿吨在黄河下游堆积，形成了土壤肥沃的冲积平原。

湖　泊

有些水滴会跌入一个低洼的凹地，再也无法奔腾向前，只得滞留在这里，慢慢汇聚成湖泊。湖泊就像一颗颗散落在陆地上的珍珠。

蜿蜒的水巷里碧波荡漾，威尼斯的诗情画意在水上涌动。

4 威尼斯

意大利威尼斯素有“因水而生，因水而美，因水而兴”的美誉，这座著名的“水上都市”已经在威尼斯潟湖上矗立千年，这里的118个小岛错落有致，177条水道贯通其间。

1 苏必利尔湖

苏必利尔湖地处美国与加拿大交界处，是北美洲五大湖之一，也是世界上最大的淡水湖。沿岸森林密布，北岸曲折多湖湾，南岸低平多沙滩。

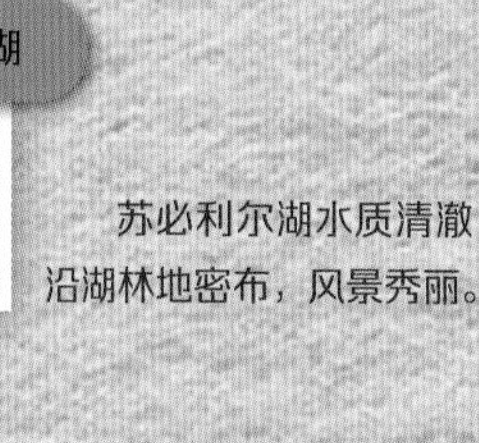

苏必利尔湖水质清澈，沿湖林地密布，风景秀丽。

尽管湖面看似十分平静，但尼奥斯湖是一个可怕的“杀人湖”。

2 尼奥斯湖

在非洲喀麦隆，尼奥斯湖的湖面十分平静，但500米深的湖底却埋藏着数十亿吨二氧化碳。如果湖水被搅动，湖底的水会不断上升，高浓度的二氧化碳也会喷涌而出，它们极容易令人窒息。

3 死　海

死海位于巴勒斯坦和约旦之间的西亚裂谷中，它的湖面比地中海海面低了430.5米，平均深度为300米，最深处可达395米，是世界上海拔最低的湖泊。由于气候炎热，水分蒸发极快，死海的盐度极高，水中几乎没有植物和鱼类，岸边的花草也很少，故而得名“死海”。

由于盐度极高，死海的四周被一圈白色的盐带环绕着。

里海的湖面如同大海一样壮阔。

5 里　海

在欧洲和亚洲的交界处，世界上最大的湖泊——里海坐落于此。虽然名字为海，但里海并不是海，它曾经与地中海相连，但由于大陆不断漂移，里海渐渐与地中海分开，变成了一个巨大的咸水湖。

新月状的贝加尔湖被誉为“西伯利亚的蓝眼睛”。

6 贝加尔湖

在俄罗斯南部，由于地层断裂陷落，贝加尔湖在2 000万~2 500万年前便已形成。新月状的贝加尔湖狭长而弯曲，整个湖面长636千米，平均深度为730米，中部最深可达1 620米。

“错”在藏语中意为“湖泊”。纳木错是西藏“三大圣湖”之一，它在藏语里的意思是“天湖”。

7 纳木错

由于坐落在青藏高原上，湖面海拔高达4 718米，纳木错获封“世界上海拔最高的大内陆湖”。此外，纳木错还是中国第二大咸水湖，仅次于青海湖。

青海湖是中国最大的内陆湖泊，也是中国最大的咸水湖。

8 青海湖

中国第一大湖就是位于青海省的青海湖。它被大通山、日月山和青海南山环抱，3座大山中间陷落的区域形成了一个东西长、南北窄的椭圆形湖面。这里是中国鸟类自然保护区，数万只候鸟栖息于湖中小岛——鸟岛上。

从地下到地上

地下之旅的第一站是土壤。当水滴落到地上，一部分水会潜入土壤中，它们会遇到各种植物的根系。植物将根系伸入地下，搜寻四处旅行的水，再通过茎干，把水送往叶片。当阳光洒在树叶上时，叶片就会打开气孔通道，让液态的水变成水蒸气，重返空中。

神奇的蒸腾

植物的根不停吸收地下的水，最终，这些水变成水蒸气，通过叶子散布到空气中，这个过程就是蒸腾作用。你知道吗？根吸收的水约有 99% 都是通过蒸腾作用重返空中的。

3. 树　叶

在整棵大树中，水分大多来到了树叶上，树叶上布满了密密麻麻的气孔。

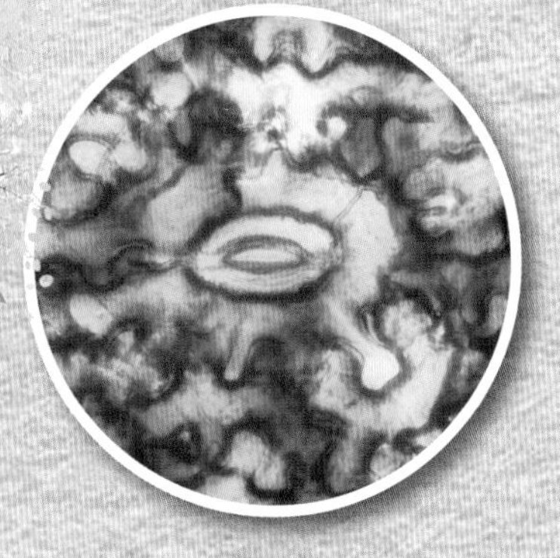

4. 蒸　发

在太阳的照射下，树叶张开气孔呼吸。此时，液态水会变成水蒸气，趁机逃逸到空中。

1. 树　根

大树茂密的树根不停吸收土壤中的水。这些水就像大树的“血液”，维持着大树的生命。

根毛区
吸水的部位

伸长区
根生长最快的地方

分生区
分裂产生新细胞

根　冠
保护分生区

2. 树　干

粗壮的树干是大树的“血管”，它将水分从根部传输到大树身体的各个部位。

人怕伤心，树怕剥皮

如果将树皮整圈剥掉，韧皮部中的筛管会被破坏，这就相当于切断了大树的“肠胃”。随后，植物光合作用产生的有机物无法输送到根部，无法获取营养的根部就会死亡，树木也会渐渐枯萎。

沙漠植物

在干旱的沙漠地区，植物总是千方百计来减少水分蒸腾。为了应对高温、干旱的沙漠气候，仙人掌全身长满细长的尖刺，将水分死死地锁在体内。除此之外，它们还拥有超级发达的根系，以便四处探寻地下的水源。

浮游植物

即使在没有土壤的水中，植物也无时无刻不在蒸腾。从炎热的赤道到冰封的极地，水中到处漂浮着微小的浮游植物，它们就是我们常说的藻类植物，比如绿藻、硅藻、蓝藻等。如果不同颜色的藻类植物过度繁殖，水体就会呈现不同的颜色。

食虫植物

除了渴望阳光和雨露，有些植物偶尔也想吃“肉”。在潮湿的热带森林里，植物世界的“食肉者”会精心设计出一个个陷阱。猪笼草长出圆鼓鼓的捕虫笼，里面分泌出芳香的蜜汁，试图诱惑各种昆虫入笼，以补充生长所需的营养，毕竟吃饱了才有能量进行蒸腾作用。

地下世界

为了抵达地下世界，水穿过土壤，再潜入岩石的孔隙中。如果来到布满孔隙的石灰岩层中，它们会慢慢溶蚀石灰岩。经过亿万年的时间，石林、天坑、地下暗河、溶洞……水创造出一个个充满魅力、惊险无比的喀斯特地貌。

喀斯特地貌中的水

在一个布满石灰岩的地方，岩层里到处是**石灰岩裂缝**①。在一个大裂缝的交界处，地上的**河流**②突然消失，所有的河水瞬间变成一条**地下瀑布**③，径直跌入十几米深的地下。很快，这些地下水又会穿过一条狭窄的**地下走廊**④，来到一个更广阔的空间。这里是漆黑一片的**"地下大厅"**⑤，**钟乳石**⑥、**石笋**⑦、**石柱**⑧装饰着几百米长的大厅长廊。有些地下水会流入一个低洼的**地下湖**⑨，剩下的地下水会变成一条奔腾的**地下河**⑩，它们一路前行，从"地下大厅"呼啸而过。在一个不堪一击的石灰岩裂缝处，这些地下河很快又会溶蚀石灰岩，变成一个**喀斯特泉**⑪，从地下溶洞里冒出地表。

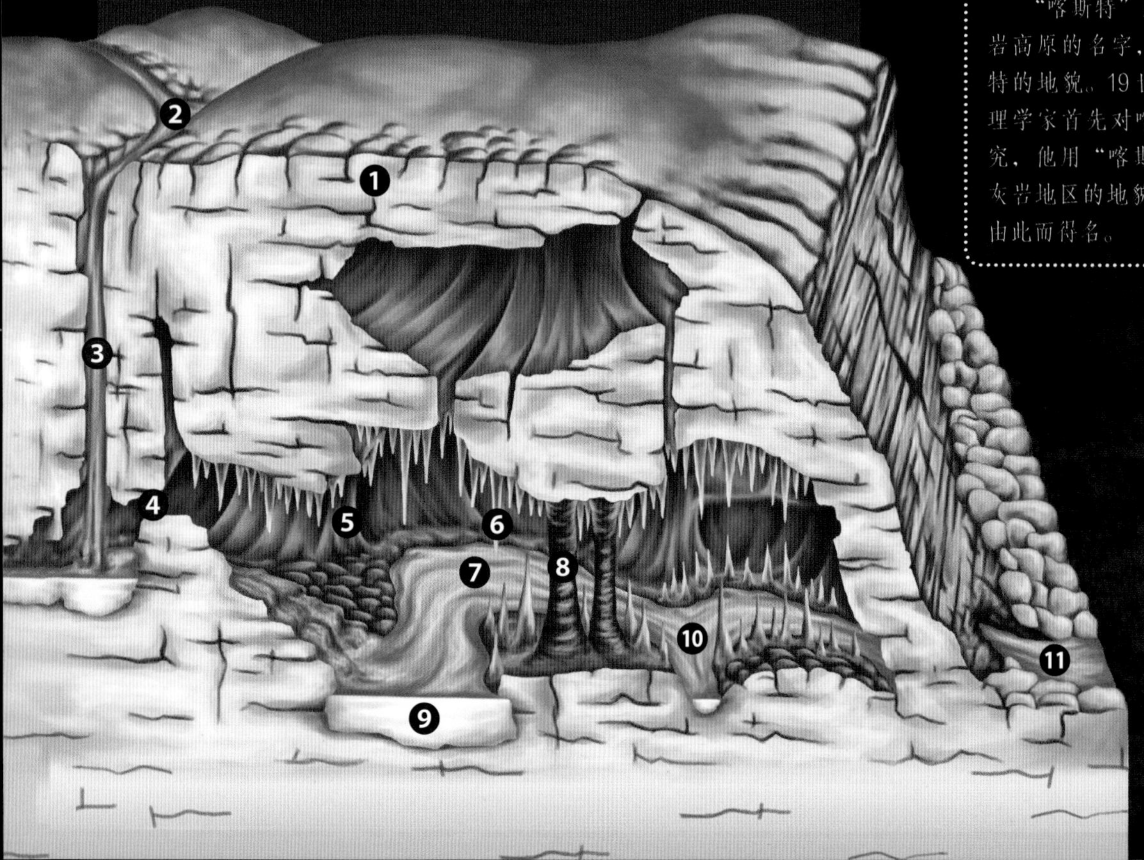

什么是喀斯特？

"喀斯特"原本是欧洲一个石灰岩高原的名字，那里发育着各种奇特的地貌。19世纪末，一位欧洲地理学家首先对喀斯特高原进行了研究，他用"喀斯特"来称呼这片石灰岩地区的地貌，"喀斯特地貌"便由此而得名。

芦笛岩

在广西桂林，芦笛岩就像一颗璀璨的地下明珠，五彩斑斓的溶洞里到处是钟乳石、石笋和石柱。

桂林山水

数亿年前，这里曾经是一片汪洋大海，碳酸钙等物质在海水中沉积下来，形成了厚厚的石灰岩层。由于地壳不断运动，海底渐渐上升为陆地，地层的岩石中布满了裂缝，无处不在的水便沿着裂缝渗入了岩层中。经年累月，石灰岩早已被溶蚀，地表只留下冲天而立的奇峰怪石，地下则布满了一个个千奇百怪的溶洞。

云南石林

云南石林是喀斯特地貌的代表杰作。这里曾经是一片汪洋大海，经过近3亿年的沧桑巨变，剑状、柱状、蘑菇状、塔状的高大石灰岩柱拔地而起，到处怪石嶙峋，看起来就像一座“石头森林”。

你知道吗?

在非洲卡拉哈迪沙漠的地下，世界上最大的地下淡水湖——龙息洞坐落于此。这个约2万平方米的巨大地下空间能容纳3架大型喷气式客机。这里深不可测，潜水员曾向下潜了100米，却依然未能触及湖底。

伊克基尔天坑

在墨西哥尤卡坦半岛，伊克基尔天坑被玛雅人视为“转世之门”。藤蔓从天坑顶垂悬而下，底部是深不见底的地下井。

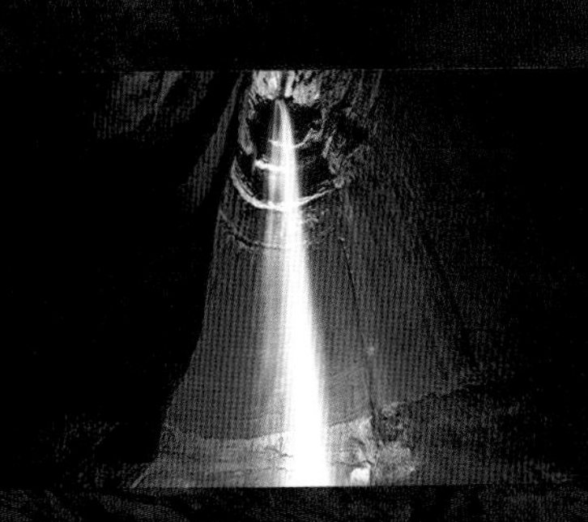

红宝石瀑布

在美国田纳西州，44米高的红宝石瀑布突然从天而降，径直降落到一个地下约341米的溶洞深处。

猛犸洞

在美国肯塔基州，世界上最长的洞穴——猛犸洞已探明的部分包含77个地下大厅、3条地下暗河和7条地下瀑布。

海洋世界

穿越地表和地下的重重阻碍之后，水终于结束了漫长的陆地旅行。此时，它们依然无法停歇，因为浩瀚的海洋世界已经出现在眼前。从小鱼小虾到大鲨鱼，从岩石裸露的海岸到漆黑一片的海底深渊，一段奇妙的海洋之旅即将开启。

潮间带

这里是海洋和陆地的交界地带，高潮时淹没在水下，低潮时露出水面。这里生活着最顽强的生物，它们必须时时刻刻应对潮涨潮落，抵御海浪的不断拍击。

真光带

这层海域拥有充足的光照，微小的浮游植物和海藻可以进行光合作用，在水下疯狂生长。在这片奇妙的水下世界，各种各样的海洋生物栖息在茂密的海藻森林和缤纷多彩的珊瑚礁中，千奇百怪的鱼儿在其中往来穿梭。

海浪不停地将岩石侵蚀成沙砾，让它们淤积成一片沙滩。

飞　鱼

借助一对长长的胸鳍，飞鱼可以跃出水面十几米。不过，平时它们更喜欢待在礁石缝中。

海蝴蝶

海蝴蝶是蜗牛和蛞蝓的近亲，它的学名叫翼足螺。它强劲有力的足演化成一对"翅膀"，让它可以在水中自由"飞舞"。

弱光带

阳光越来越微弱，植物很难在这里生存，只有动物和细菌生活在这片朦胧的海洋地带。为了捕猎，动物们常常夜间去真光带觅食，白天则回到昏暗的弱光带海域休息。

无光带

由于阳光无法穿透，这里终日黑暗，植物几乎无法生存。要想探索这层黑暗、阴冷的海域，人们必须搭乘能承受巨大水压的潜水器。在这里，聪明的掠食者会散发微光，制作诱饵，引诱猎物上钩。

海底深渊

在黑暗冰冷的海底深渊，到处是厚重的软泥，地形十分复杂，洋中脊、深海平原、海沟、海底火山等各式各样的地貌跃然眼底。这里是“光的禁区”，人们丝毫觉察不出阳光的存在。

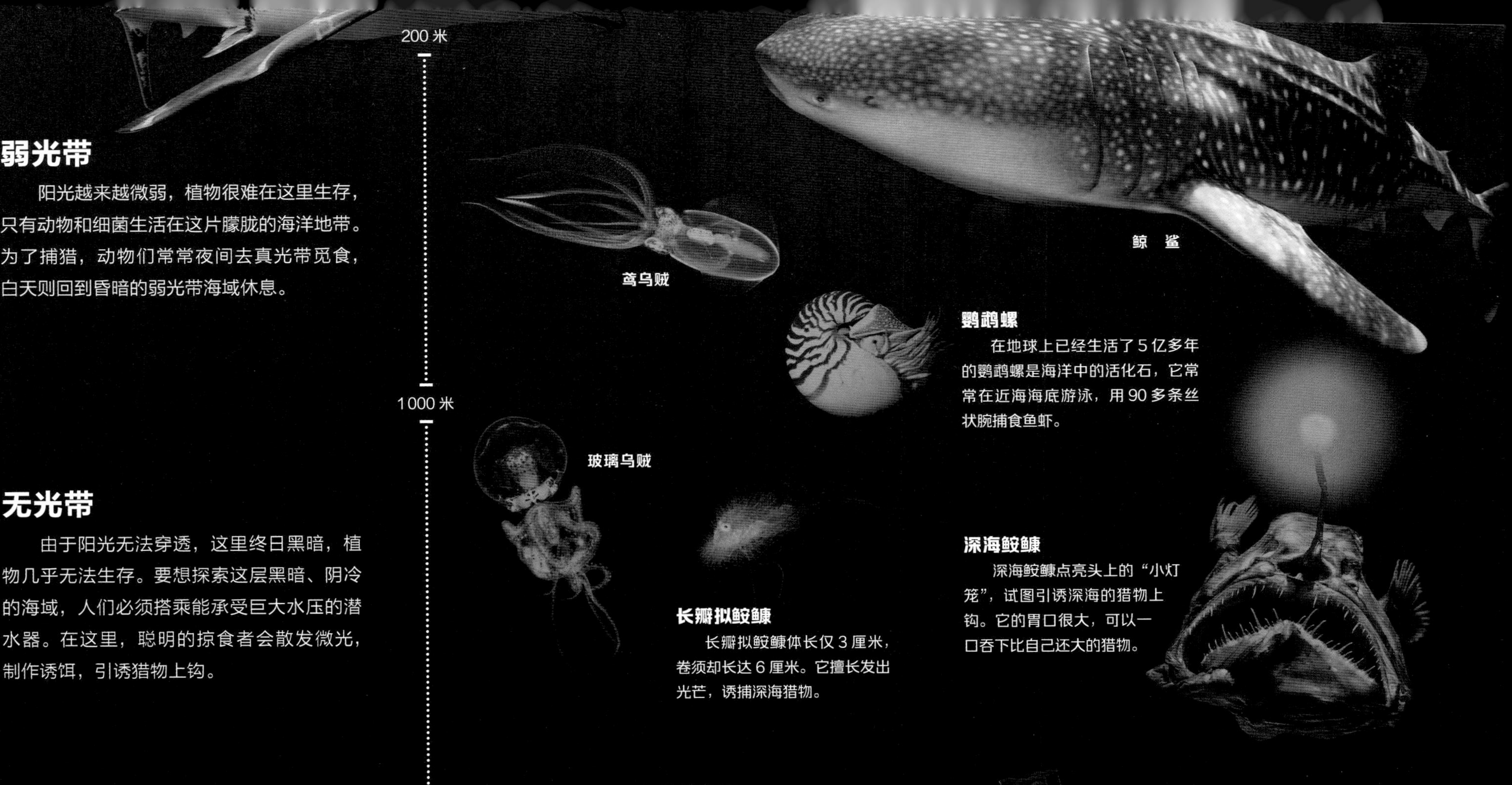

鲸　鲨

鸢乌贼

鹦鹉螺

在地球上已经生活了5亿多年的鹦鹉螺是海洋中的活化石，它常常在近海海底游泳，用90多条丝状腕捕食鱼虾。

玻璃乌贼

深海鮟鱇

深海鮟鱇点亮头上的“小灯笼”，试图引诱深海的猎物上钩。它的胃口很大，可以一口吞下比自己还大的猎物。

长鳚拟鮟鱇

长鳚拟鮟鱇体长仅3厘米，卷须却长达6厘米。它擅长发出光芒，诱捕深海猎物。

深海潜水器

为了前往海洋深处一探究竟，深海潜水器潜入漆黑一片的海底深渊。这里无比寂静，到处是坦荡的深海平原、起伏的海丘、绵延的海岭和深邃的海沟，还有炙热的海底“黑烟囱”……

大王具足虫

世界各大洋

早在40多亿年前，地下的岩浆不断喷涌而出，水蒸气趁机逃到空气中。后来，随着地球慢慢冷却，水蒸气开始凝结成雨，降落到地表。在漫长的时间里，它们渐渐汇聚成海洋。如今，海洋浩瀚无垠，约占地球表面积的71%。

海？洋？海洋？

如果海、洋、海洋聚在一起，请问谁最大？显而易见，答案是海洋，因为海和洋连成一片才能成为海洋。那么海和洋谁更大呢？

在浩瀚的海洋中，我们将特别广袤的中心部分称为“洋”，地球上共有四大洋：太平洋、大西洋、印度洋和北冰洋，它们约占海洋总面积的89%；我们将大洋边缘靠近陆地的水域称为“海”，如黄海、东海和南海等，它们只占海洋总面积的11%。

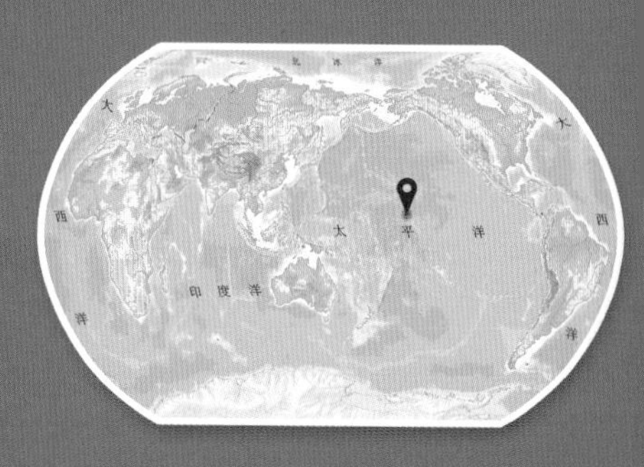

太平洋

面积： 17 967.9万平方千米
平均深度： 4 028米
最深处： 马里亚纳海沟（11 034米）

太平洋是地球上最大、最深、边缘海和岛屿最多的大洋，它位于亚洲、大洋洲、北美洲、南美洲和南极洲之间。太平洋上大大小小的岛屿约有1万个，一座座大陆岛环绕在沿岸地带，一座座火山岛和珊瑚岛从太平洋中部拔地而起。除此之外，太平洋还是地球上地震和火山活动最剧烈的地带，全球约85%的活火山和约80%的地震都聚集于此。

南大洋

面积： 3 800万平方千米
平均深度： 4 500米
最深处： 南桑威奇海沟（8 428米）

在地球的南端，南大洋紧紧环绕着冰冷的南极大陆，这里一年四季漂浮着大约22万座冰山，每年从南极大陆落入南大洋的冰山就多达1万座。2000年，国际水文地理组织将其确定为一个独立的大洋，但许多人认为它的底部并没有一条沿大洋中线延伸的海底山脉——洋中脊，所以并不承认它是大洋。

世界最深处

在西太平洋底，11 034米深的马里亚纳海沟是已知世界最深处。高压、黑暗、寒冷、缺氧、食物匮乏……这里几乎是地球上环境最恶劣的区域之一。

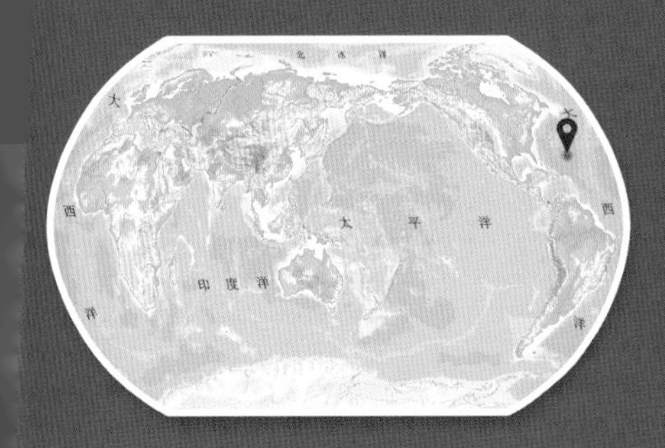

大西洋

面积： 9 336.3 万平方千米
平均深度： 3 597 米
最深处： 波多黎各海沟（9 218 米）

作为世界四大洋中的第二大洋，大西洋洋面十分狭长，洋底有一条纵贯南北的“S”形海岭。以赤道为界，整座大西洋被划分为北大西洋和南大西洋。由于海岸线曲折蜿蜒，大西洋的气候多种多样，鱼类资源也十分丰富。此外，大西洋洋底的板块十分活跃，它们仍在不断分开，年久日长，大西洋会不断变宽。

印度洋

面积： 7 492 万平方千米
平均深度： 3 711 米
最深处： 爪哇海沟（7 729 米）

印度洋是世界四大洋中的第三大洋，它位于亚洲、非洲、南极洲和澳大利亚大陆之间，它的北部被陆地环绕，十分封闭，南部向着浩瀚的南大洋敞开。由于大部分位于热带，平均水温在20 ~ 27℃，印度洋又被称为热带海洋。这里拥有丰富的石油资源，每年，源源不断的石油资源会从这片大洋被运往世界各地。

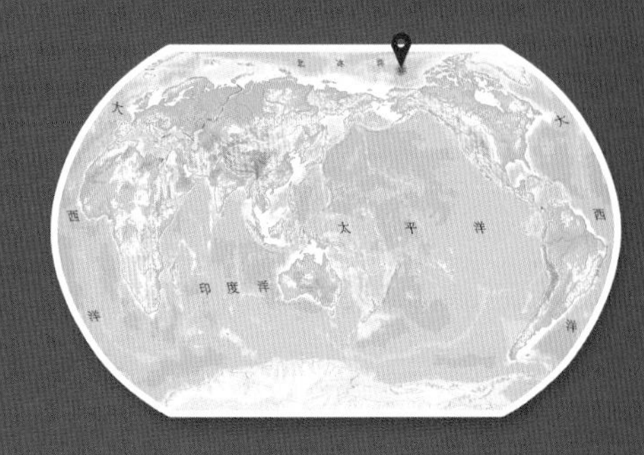

北冰洋

面积： 1475 万平方千米
平均深度： 1225 米
最深处： 南森海盆（5 527 米）

北冰洋是世界四大洋中最小、最浅、最寒冷的大洋，它分布在地球的最北端，大致以北极为中心。在这片冰冷的白色海洋中，北极熊乘坐浮冰四处觅食，海豹、海象出没在冰层与水之间，北极当地居民因纽特人在厚厚的冰盖上建造冰屋，过着自给自足的游猎生活。

“跳舞”的鱼群

大西洋占有世界一半以上的渔场，这里盛产鲱鱼、鳕鱼、比目鱼、金枪鱼、鲑鱼等。如果钻进大西洋海底，你或许会遇见庞大的鱼群在水中“跳舞”。

热带风暴

每到夏季，强烈的太阳辐射会为印度洋带来巨大的热量。加热后的海水变得极不安分，它们在温暖、封闭的印度洋北面酝酿出一场场破坏性极大的热带风暴。

最寒冷的海洋

北冰洋的表层水温多为-1.8~-1℃，冬季海冰覆盖面积占大洋总面积的三分之二以上，夏季也有近一半的洋面被浮冰覆盖。

珊瑚礁

这是一片温暖的热带浅海，到处是色彩缤纷的珊瑚，千奇百怪的鱼儿往来穿梭，年迈的海龟趴在海底一动不动，捕食者和猎物还会时不时上演一场“生死决斗”……这里就是“水下热带雨林”——珊瑚礁。世界上最大的珊瑚礁群是澳大利亚的大堡礁，它长约 2 000 千米，据说在太空中也能看见。

珊　瑚

珊瑚虫死后，它们的石灰质骨骼堆积在一起，渐渐形成大小不一、形态各异的珊瑚，它们看起来就像树枝、花朵和鹿角……

桶状海绵

这是一只桶状海绵，它看起来就像一个木桶或者一座小火山。白天，许多夜行性动物会栖息在它的中央凹洞中。

最佳搭档

海葵浑身长满了有毒的触手，其他动物丝毫不敢靠近，但小丑鱼借助体表特殊的黏液，能在海葵的触手中自由穿梭。在珊瑚礁中，海葵是小丑鱼的“保护伞”，帮助小丑鱼躲避天敌的追捕；而小丑鱼是海葵的“清洁医生”，它会尽情享用海葵身上的食物残渣和寄生虫，清洁海葵的身体。

珊瑚虫

珊瑚虫是一种微小的腔肠动物。它们长得像一个个小圆筒，圆筒的下端附着在礁岩上，圆筒的上端长着许多小触手，触手的中央是珊瑚虫的口。

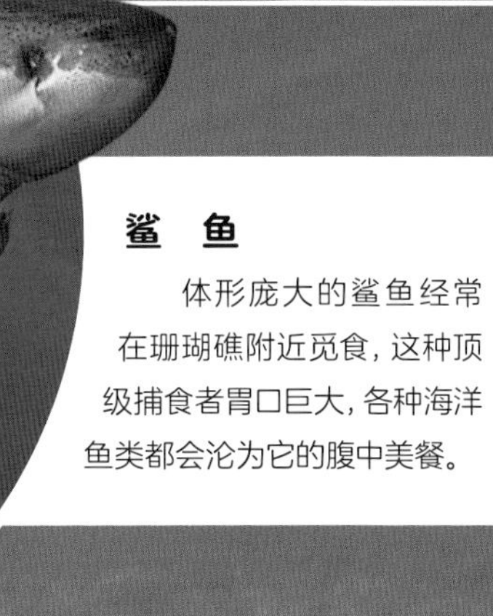

鲨　鱼

体形庞大的鲨鱼经常在珊瑚礁附近觅食，这种顶级捕食者胃口巨大，各种海洋鱼类都会沦为它的腹中美餐。

双棘甲尻鱼

这种美丽的鱼儿生活在太平洋到印度洋的珊瑚礁海域，它浑身布满黄、蓝、白相间的花纹，如同披了一件皇帝的龙袍，故而又名皇帝神仙鱼。

蝴蝶鱼

身材短小扁平的蝴蝶鱼最擅长逃跑，一旦遇到捕食者，它会迅速侧身躲进礁岩的窄缝中。

毕加索扳机鱼

这种鱼体长20～30厘米，它身上的花纹看起来像一幅出自大画家毕加索之手的现代画。

蓝环章鱼

个头小小的蓝环章鱼趴在礁岩上，8条触手灵活地蠕动着。如果遇到敌人追捕，它会迅速改变体形，挤入礁岩的窄缝中。而且它浑身带有致命的毒性，一旦被它咬伤，一个成年人15分钟内就会中毒身亡。

狮子鱼

鲜艳的外表是狮子鱼的保护色，有毒的棘刺是它的秘密武器。虽然行动迟缓，但狮子鱼依然是海洋中技艺高超的猎手。

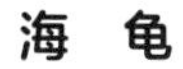

海　龟

早在2亿多年前，海龟就已经出现在地球上了。

深海秘境——“黑烟囱”

如果乘坐一艘深海潜水器，下潜至几千米深的海底，再借助一架探照灯，你或许会看到一片奇妙无比的深海秘境——“黑烟囱”。在危险重重的“黑烟囱”地带，海底耸立着大大小小的“烟囱”，海水中弥漫着浓浓的“黑烟”，这里无氧、无光、高压、有毒……一切都对生命极不友好，但细菌、蠕虫、甲壳动物依然顽强地生活在这里。

海鳞虫

这个看起来十分恐怖的生物并不是什么外星怪物，而是生活在“黑烟囱”附近的多毛纲环节动物——海鳞虫。它们体长仅两三厘米。平日里，海鳞虫总是出没在“黑烟囱”的喷口附近，四处寻找可以食用的细菌。

你知道吗?

海水的深度每增加 10 米，水体产生的压强就会增加大约 1 个标准大气压。如果你潜入 4 000 米的深海，这里的水压高达 400 多个标准大气压，这股水压大致相当于一只大象站在你的脚趾上。

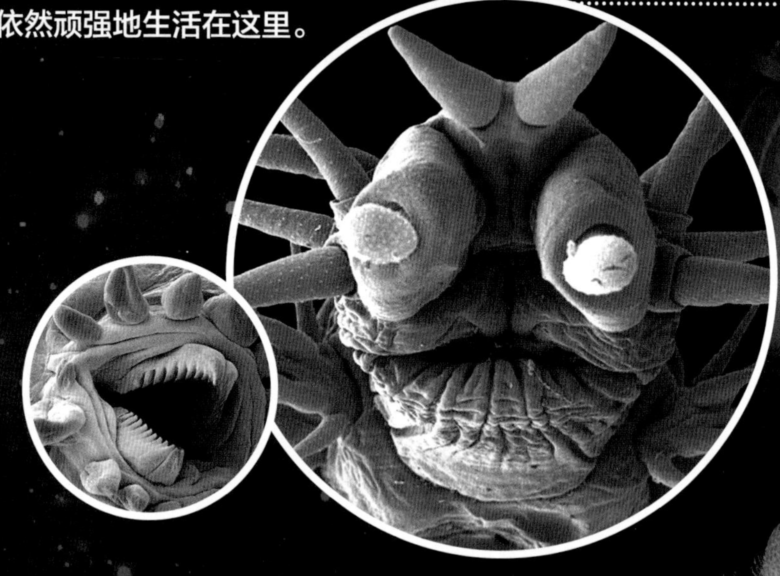

巨型管虫

“黑烟囱”的四周聚集了密密麻麻的巨型管虫，它们体长可达 3 米。虽然这种生物既没有嘴巴，也没有肠胃，但它们的体内布满了特殊的细菌。这些细菌可以为它们制造营养物质，提供能量。

雪人蟹

这个长满绒毛、浑身雪白的“多毛怪”就是雪人蟹，它的毛螯上布满了黄色的丝状细菌。这些细菌可以消除周围的有毒无机盐，让雪人蟹在危险重重的“黑烟囱”附近存活下来。不过，雪人蟹几乎没有视力，完全是一只“盲蟹”。

探秘“黑烟囱”

1977 年，科学家乘坐阿尔文号载人潜水器，潜入了加拉帕戈斯裂谷。在 2 000 米以下的海域，他们首次发现了海底“黑烟囱”。这里黑烟滚滚，还有一座座拔地而起的“烟囱”。

那么，“黑烟囱”是如何形成的呢？起初，低温的海水会沿着地壳的岩石裂缝渗入地下，直到遇见滚烫的岩浆。紧接着，它们被岩浆加热，还溶解了周围岩层中的化学物质，摇身一变，成了富含无机盐的海底热液。过不了多久，这些海底热液又会沿着裂缝，从地下喷涌而出。喷出后，海底热液遇到低温的海水，化为浓浓的“黑烟”。而在海底喷口处，热液中的无机盐慢慢堆积，越堆越高，直到堆积成一座高高耸立的“烟囱”。深海大多是低温地带，但“黑烟囱”附近的水温高达 350 ~ 400℃。

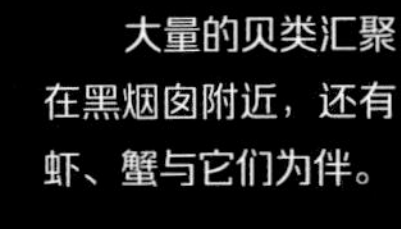

大量的贝类汇聚在黑烟囱附近，还有虾、蟹与它们为伴。

愤怒的海洋

如果把海洋比作一台巨大的海水运输机，那洋流就是机器内的一条条传送带，它们将海水传送至世界各地。在浩瀚的海洋里，海水总是顺着洋流一刻不停地流动，并无时无刻不与大气进行动量、热量和物质的交换。一旦满足一定的气象条件，一场汹涌澎湃的海洋灾害就会席卷而来。

巨大的灾难

当海啸冲向陆地，一座能量巨大的“水墙”就像一个巨大的液体推土机，迅速摧毁房屋，所到之处一片狼藉。

风暴潮

当猛烈的风暴一路从海上奔向陆地，它们也会推着海水一起前进，海浪排山倒海般地向海岸压去，这就是风暴潮。如果遇上强台风，猛烈的风暴潮能迅速让沿海水位上升 5 ~ 6 米。如果再遇上天文大潮，两股大潮叠加在一起，海浪就会达到前所未有的高度，它们迅速淹没海堤，冲毁房屋，形成特大潮灾。

天文大潮

由于受到月球和太阳的引潮力作用，地球上的海水每天都会定时涨落，这就是潮汐。按发生的时间区分，早潮称为潮，晚潮称为汐。“初一、十五涨大潮。”每当太阳、地球、月亮移动到一条直线上时，地球受到的引潮力最大。不过，海洋的反应总是慢半拍，农历初二、初三和十七、十八日左右，天文大潮才会出现在海上。

热带气旋

在一片热带海洋上，经过阳光的暴晒，表层海水的温度超过了 26.5℃。越来越多的海水变成水蒸气，它们不断升入空中，聚集成庞大的云层。受到地球自转的影响，整个云层呈旋涡状极速旋转，直到形成一个巨大的热带气旋。在极速旋转的过程中，热带气旋中心附近的风力升至 12 级以上，暴雨也随之而来。当然，它还有许多人们耳熟能详的名字，比如台风、飓风、热带风暴等。

海　啸

海底世界的躁动程度丝毫不逊于陆地，这里随时可能发生地震、火山爆发和滑坡。一旦感受到海底剧烈的地壳变动，海面立刻掀起滔天巨浪，形成一座高达数十米、近乎垂直、能量巨大的“水墙”，这就是海啸。海啸以 700 千米/时的速度前进，几小时就能横渡大洋。伴着轰隆隆的巨响，海啸径直冲上陆地，短短几分钟内便可吞没沿岸的一切。

海啸并不只有一道巨浪，它会一阵接一阵地汹涌袭来，每次间隔 15 ~ 60 分钟。海面要想重新回归风平浪静，可能需要好几天时间。

台风和台风眼

登陆中国的热带气旋常常被叫作台风。台风的直径一般在200~1 000千米，它的四周被旋转的狂风紧紧环绕，风力高达12级以上。但在台风的中心，台风眼却十分平静，透过台风眼，人们甚至可以看见蓝天。

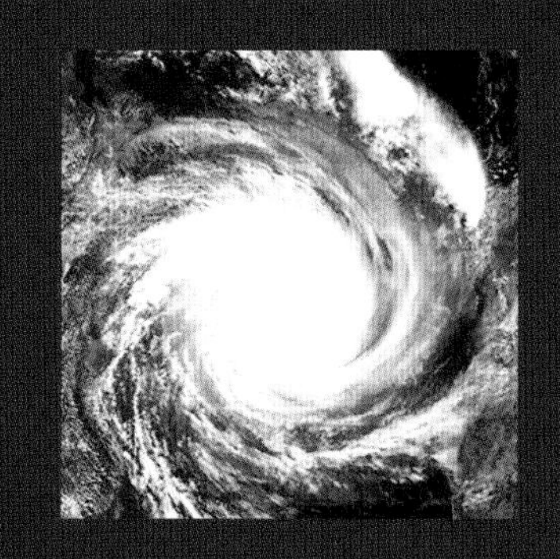

气旋的力量

一个中等强度的热带气旋风速约为100千米/时，它摧毁一座灯塔就像人折断一根火柴那么容易，破坏力十分惊人。只有遇到冷空气或者登上陆地，水蒸气不再涌入热带气旋，热带气旋的能量才会迅速减弱，直至消失不见。

地球之冠——南极

在地球的最南端，南极大陆被海洋团团围住，地球上最强的洋流将它完全冰封起来，让它与外界隔绝。冰在南极逐渐蔓延生长，厚达几千米的冰川终年不化，就像一顶巨大的白色帽子，紧紧地戴在了地球的最南端。

1983年7月21日，南极科考队员在南极的东方站记录到-89.2℃的极端低温。

南　极

远远望去，南极就是一块白色大陆，冰川、风暴和严寒笼罩着一切。在这里，95% 以上的面积被冰川覆盖，年平均气温低至 -49℃，还有猛烈的风暴以 300 千米 / 时的速度呼啸而过。除此之外，这里异常干燥，年降水量只有几十毫米，与沙漠不相上下。尽管环境十分恶劣，企鹅、磷虾等生物依然是南极的“永久居民”。

南极的宝藏

在厚厚的冰川之下，无尽的宝藏埋藏在南极大陆的深处。二叠纪煤层分布在南极冰盖下的岩层中，煤储量高达 5 000 亿吨。另外，这里还有丰富的石油和天然气资源，罗斯海、威德尔海、别林斯高晋海以及南极大陆架均是石油和天然气的主要产地，石油储存量高达 500 亿～ 1 000 亿桶，天然气储量高达 30 000 亿～ 50 000 亿立方米。

南极冰川的厚度在几百至几千米之间，平均厚度为 2 000 米，最厚的地方可达 4 750 米。

南极臭氧洞

在距离地球 20 ~ 25 千米处的南极上空，大量的臭氧汇聚成一层薄薄的臭氧层，为地球撑起一把超级遮阳伞，阻挡了 99% 以上对人类有害的太阳紫外线。每年 8 月至 11 月，臭氧层会出现空洞，紫外线穿过臭氧空洞，畅通无阻地抵达地面。一旦强紫外线入侵，人类极易患上皮肤癌等疾病，许多生物都无法正常生长。

象海豹

南极附近生活着许多象海豹，它们身躯硕大，行动缓慢，反应也很迟钝。雄性象海豹有一个伸缩自如的长鼻子，长鼻子膨胀起来酷似大象粗壮的鼻子。

企　鹅

南极大陆栖息着各种各样的企鹅，它们摇摆而行，姿势相当滑稽。企鹅周身覆盖着浓密的油性羽毛，羽毛下的绒毛和脂肪层都能帮助它们御寒。

磷　虾

在冰冷的南极海域，磷虾数量众多，在磷虾最密集的地方，每立方米的海水中磷虾的数量多达3万只。磷虾是海洋食物链中的弱者，鱼儿以它们为食，蓝鲸一口可以吞下几十吨磷虾。

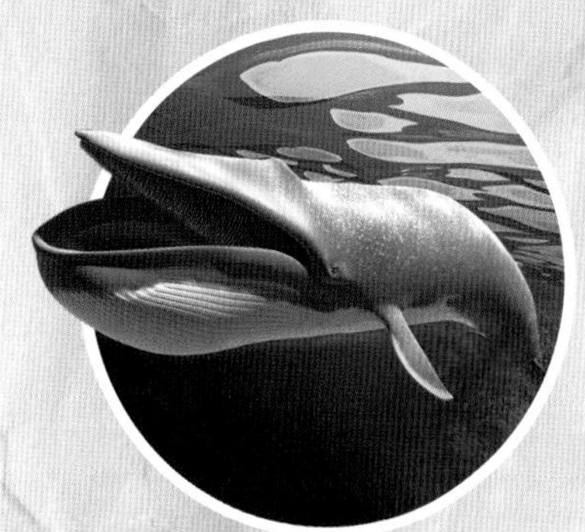

蓝　鲸

蓝鲸是世界上体形最庞大的动物，它的体长可达33米，蓝灰色的皮肤上散布着银灰色的斑点。蓝鲸的口中有数百片鲸须，它们像滤网一样，过滤掉海水，将磷虾和小鱼留在口中。

南极贼鸥

南极乔治岛上生活着一群南极贼鸥，雌鸟和雄鸟总是出双入对，形影不离。它们有着极强的领地意识，一旦发现有“外族”闯入它们的领地，就会与对方展开殊死搏斗。

纬度之巅——北极

如果站在北极点，你的脚下看似被冰雪覆盖，但那其实只是一层厚厚的海冰，北冰洋的海水就在你脚下两三米深的地方。由于冰面不断漂移，你很难在冰面上留下北极点的固定地标。地球绕着一条假想的地轴不停自转，这条轴线通过地心，连接南北两极。如果一直站在北极点不动，那你就会一直在原地转圈，猜猜你会不会被转晕呢？

极光奇观

在北极的夜空中，彩色的极光就像一场绚丽的“焰火表演”。极光有各种各样的形态，有的像一条弧线，有的像一条丝带，有的又像一块巨大的帷幕。它们有各种各样的颜色，微弱时呈白色，明亮时呈黄绿色，有时还有红、灰、蓝、紫等颜色。

北　极

与南极不同，地球的最北端并没有一片辽阔的白色大陆，只有一片浩瀚的冰封海洋——北冰洋，以及环绕在北冰洋周围的北极苔原。虽然没有南极寒冷，但在漫长的冬季，由于黑夜完全笼罩北极，这里的温度也会降至 -40℃以下。洋流昼夜不停地搬运着北冰洋表面的海冰，海冰不断地漂移、裂解和融化，形成了四处漂浮的浮冰。

旅　鼠

小旅鼠常年居住在北极，它们腿短，耳朵小，体长10～18厘米。它们背部柔软的长毛多为黑色，但在冬天可能会全部变白。

海　象

一对巨大的獠牙是海象最强的武器，海象可以用它们将庞大的身体拖出水面，击退捕食者，还可以在冰上凿出呼吸孔，甚至在海底挖贝壳。

极光之谜

极光是一种辉煌瑰丽的彩色光象，它出现在高纬度高空，南极和北极的夜空中经常能看到它的踪影，那它究竟是如何形成的呢?

来自太阳的高速带电粒子在宇宙空间肆意穿梭，一旦它们靠近地球，在地球磁场的作用下，它们进入南北两极附近，碰撞并激发高层大气中的分子和原子，产生光芒，形成极光。

极 昼

在北极的夏季，太阳终日不落，它总是还未降落到地平线以下就又开始冉冉升起。每天夕阳连着朝阳，一天24小时都是白天。这种现象就是极昼。

极 夜

在北极的冬季，太阳终日不出，它总是还未升到地平线以上就又开始缓缓落下。此时的北极长夜漫漫，一天24小时都是黑夜。这种现象就是极夜。

北极狐

在冰冷的冬季，北极狐浑身纯白，与冰天雪地的北极完美地融为一体。到了夏季，地面岩石裸露，北极狐的毛发又会变为青灰色。

北极燕鸥

作为迁徙冠军，北极燕鸥保持着往返迁徙距离最远的纪录。每年，它们都要穿越南北两极，完成一场长达4万千米的迁徙之旅。

北极熊

作为北极之王，北极熊是陆地上最凶猛的肉食动物之一。为了捕食海豹，它们常常潜伏在海豹的换气孔洞旁，等待猎物自投罗网。

雪 鸮

雪鸮是一种体形较大的猫头鹰，浑圆雪白的脑袋看起来十分可爱。它们栖息于寒冷的北极苔原，喜欢四处捕食野兔和旅鼠。

世界屋脊

终年不化的冰雪并不仅仅存在于南极和北极，当小水滴来到地球的“世界屋脊”——青藏高原，它会化身为冰雪，被困在高山上。高山上十分寒冷，海拔每上升100米，气温就会降低大约0.6℃。在巍峨的喜马拉雅山脉，这里完全是“雪的故乡”。

角　峰

数个冰斗交汇，形成了金字塔形的尖峰，即角峰。珠穆朗玛峰就是一座高出冰斗底部300米的角峰。

知识加油站

从诞生到现在，地球已经46亿岁了。在这段漫长的岁月里，地球不断地经历被冰封、解冻、被冰封、解冻……在30多亿年前，地球上刚刚出现生命，由于大气中的二氧化碳迅速减少，“温室”变成“冰室”，地表的平均温度降至-10℃，整个地球被冻成一颗冰球。这便是著名的“雪球地球”事件。

移动的冰川

在巍峨的喜马拉雅山脉，经过堆积、压实，积雪渐渐变成了厚厚的冰川。虽然小水滴被围困在冰川里，但它们依然沿着山坡或槽谷向下缓慢地移动着。相对于河流，冰川的移动速度十分缓慢，平均每天仅移动几厘米至几米，肉眼很难发现冰川在移动。

冰斗冰川

三面被陡峭的岩壁环绕，看起来就像一把汤匙，这就是冰斗冰川。它的规模大小不一，大的可达数平方千米，小的不足1平方千米。

悬冰川

从冰斗中挤出的小冰舌悬贴在山坡上，变成了斑点状的悬冰川。这种冰川很薄，规模也很小，面积一般都不足1平方米。

山谷冰川

在山体高大、雪量丰富的山地，带状的山谷冰川规模巨大。它们长达数十千米，而且运动速度也很快，每年可移动数十至一两百米。

珠穆朗玛峰

在青藏高原的南部边缘，世界上海拔最高的山脉——喜马拉雅山脉坐落于此。在这片雪域荒原，海拔超过 7 350 米的山峰多达 110 余座，“世界第一高峰”珠穆朗玛峰耸立于群山之巅。由于地壳不断运动，珠穆朗玛峰还在不断增高，目前它的海拔为 8 848.86 米。

雪线

当海拔达到一定高度时，气温就会降至0℃，这个高度的界线就是雪线。在雪线以上，冰雪不会融化，它们不断堆积，便可形成终年不化的冰川。

南迦巴瓦峰

南迦巴瓦峰地处喜马拉雅山脉最东端，海拔高达 7 782 米，曾被《中国国家地理》杂志评为“中国最美雪山”。每年春天到来的时候，南迦巴瓦峰山脚下的桃花竞相绽放，形成雪山、白云、绿草、桃花、河流交相辉映的绝美景象。

梅里雪山

梅里雪山，又称太子雪山，是一片耸立在云南省德钦县与西藏自治区察隅县之间的庞大雪山群，冰斗和冰川连绵不绝，以其巍峨壮丽、神秘莫测闻名于世。梅里雪山发育有世界稀有的海洋性现代冰川，也是云南第一高峰。

冰蚀湖

大约在200多万年前，第四纪冰川横行全球。大冰川缓缓滑行，犹如一把巨大而锋利的“铁铲”或“锉刀”，留下了许多坑坑洼洼的槽谷和盆地。当地球回暖后，槽谷和盆地里的冰川融化，洼地上形成了一个个碧波荡漾的冰蚀湖。

奇异的地貌

无处不在的水就像一位充满力量的大地雕刻师，它们一刻不停地四处穿梭，变成锋利的“斧头”“铁铲”“利刃”或“钻孔机”，不断侵蚀和破坏岩层，削高填低，雕刻出高原、山地、丘陵、平原和盆地，在地球上留下了奇特的烙印。

卡帕多西亚

土耳其卡帕多西亚地区南边的埃尔吉亚斯山和哈桑山曾经是活火山，熔岩在这里冷却凝固。经过风雨的洗礼，这里早已变成一座冲天而立的“石柱森林”。一根根像蘑菇、树桩或尖塔一样的石柱拔地而起，加上四周陡峭的悬崖，还有皱巴巴的地面，这里看起来就像坑坑洼洼的月球表面。

这里是全世界最适合乘坐热气球的地方。人们站在热气球上俯瞰奇特的地貌，一眼望不到尽头。

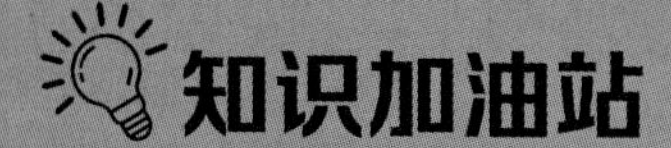

知识加油站

经过水的侵蚀、搬运和沉积作用后，大自然中无数奇特的地貌渐渐出现。

侵蚀作用： 水汇聚成河流，沿途冲击或者溶解岩层，将大岩石侵蚀成小碎石。

搬运作用： 小碎石被水流四处搬运，它们有的悬浮在水中，有的在水中跃进，有的在水中滚动。

沉积作用： 在低洼的地方，小碎石聚在一起。经过一番堆积和挤压后，它们会变成致密的沉积岩。

棉花堡

在土耳其棉花堡，温泉水从地底涌出，温泉中的碳酸钙物质沉淀下来，在山坡形成了层层叠叠的白色阶梯，仿佛一朵朵棉花环绕着山丘。

纳玛菲珈尔

在冰岛的纳玛菲珈尔地热区，熔岩在地下翻滚，无机盐随着地热喷涌而出，空气中弥漫着臭鸡蛋味，冒着白色烟雾的喷焰口时常发出如同从幽冥传来的咆哮声。

羚羊峡谷

在美国亚利桑那州的羚羊峡谷，经过洪水和狂风的侵蚀，柔软的砂岩被精心打磨，纹层顺着岩壁流淌，仿佛万年前的波浪被定格在峡谷中。

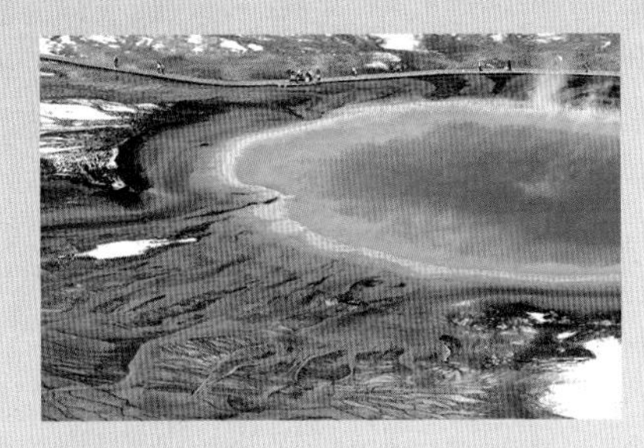

大棱镜彩泉

在美国黄石国家公园，地下水喷涌而出，在地表形成了彩虹色的温泉，温泉里生活着蓝、绿、黄、红等不同颜色的藻类植物和含色素的细菌等。

张掖丹霞地质公园

在中国甘肃省张掖市，红色砂岩被流水和大风侵蚀，数以千计的悬崖山峦呈现出鲜艳的红褐色。陡峭的奇岩怪石互相映衬，看起来就像一片片七彩云霞。

波浪岩

在澳大利亚西南部的沙漠里，经过地下水年久日长的侵蚀，一块长约100米、高达15米的波浪岩终于露出地面，它看起来就像一片冻结在半空中的滔天巨浪。

精灵烟囱

在卡帕多西亚的“石柱森林”里，到处是冲天而立的“精灵烟囱”。它们有的像一根瘦长的金针菇，有的像一座巨大的碉堡。每根石柱的尖顶上还戴着一顶玄武岩“帽子”。

水的力量

当水昼夜不停地穿梭于天空、陆地和海洋，它们完成了一次又一次的循环之旅。除了汇聚成冰川、河流、湖泊和海洋，雕刻出千奇百怪的地貌，水还拥有更大的力量，它们可以用于运输、发电、热量交换、气候调节……

在中国东汉时期（25—220 年），人们发明了一种用于引水灌溉的农具——水车。

驶向远洋，潜入深海

从古至今，水一直充满神秘，人类从未停止过对水的探索。起初，人们划着独木舟，渡过了难以跨越的江河。后来，人们又设计出轮船，驶向了险象环生的海洋。现在，各种水下机器人纷纷问世，潜入了漆黑一片的海底。

最早的环球旅行

1519年，航海家麦哲伦从西班牙出发，开始了环绕地球的航行。他一路向西穿越大西洋，绕过南美洲，进入太平洋，不幸在菲律宾被杀身亡。随后，他的船队继续向西航行，最终返回西班牙，完成了首次环球航行。

发电达人

水的潜力似乎没有尽头，它摇身一变，又成了一位“发电达人”。一旦抵达河流上游的大坝，它们立马被拦截，并被积蓄在一个巨大的水库里。等到它们蓄满水库，人们将闸门打开，势不可当的水流找到了出口，它们倾泻而下，形成一股巨大的力量。此时，发电机的涡轮被这股巨大的水力“唤醒”，它们不停地转动，发电机就会开始发电。

三峡大坝

这是一项超级水利枢纽工程，大坝全长2 309.47米，其中水电站的年平均发电量为846.8亿千瓦·时，是当今世界上最大的水力发电站。

伊泰普水电站

这座大型水电站的大坝全长7 744米，比3座三峡大坝还长。由于河水流量大，水流湍急，水力资源丰富，这座水电站是目前世界第二大水电站。

胡佛水坝

胡佛水坝坐落于美国科罗拉多河下游，被誉为“沙漠之钻”。这座拱门式水坝顶长379米，高221米，是美国第二高坝，可以用于发电、防洪、灌溉和供水等。

阳光的搬运工

来自阳光的热量藏在许多小水滴中，但小水滴无时无刻不在运动，它们就像阳光的搬运工，将热量四处传播。当火辣辣的太阳照在海上，海水迅速变热，变成水蒸气，蹿入高空。不过，高空的冷空气正等着它们，一旦相遇，水蒸气又被打回原形，变成小水滴，在空中汇聚成云，随着大雨，再次回归大海。就这样，热量跟着水四处穿梭，四处交换。

百变天气

水无处不在，它们就像“天气转换器”，创造出变化无常的天气。有时候，它们变身为一片片白云，自由自在地飘浮在晴空之下；有时候白云会突然“变脸”，化身为一片乌云，伴着一阵电闪雷鸣，变成一场倾盆大雨；如果它们密密麻麻地聚集在地面，也许还会蒸发，凝结成云，悬浮在空中；而一旦气温降至0℃以下，它们还会变成冰雹或雪花……

冰川危机

冰川分布在高山之巅和两极，它们就像地球的空调，不断调节全球气候，帮助全球降温。但它们并不是没有一丝烦忧，近年来，它们遇到了巨大的危机。

越来越暖……

自工业革命以来，越来越多的煤、石油和天然气被消耗，越来越多的温室气体被排入大气中，温室效应越来越强，整个地球越来越暖。根据《2019 年全球气候状况声明》，2019 年是有记录以来温度第二高的年份（仅次于 2016 年），2015 年至 2019 年是有记录以来最热的 5 年，2010 年至 2019 年是有记录以来最热的 10 年……

退缩的冰川

近年来，地球越来越热，各种古怪而极端的天气也越来越频繁地发生。如果气温上升 1℃，人类可能毫无察觉，但冰川不一样，它非常脆弱，也非常敏感，只要气温上升一点点，它就会迅速缩小。与 20 世纪 50 年代相比，中国 82.2% 的冰川都在退缩，总面积已经缩小了约 18%。

在美国蒙大拿州的冰川国家公园，这里曾经有 150 条冰川。百年之后，冰川仅剩 25 条。据推测，这 25 条冰川也将在 20 年内消失。

1970 年，位于坦桑尼亚的乞力马扎罗山白雪皑皑。50 多年过去了，山上积雪融化，冰川消亡，冰雪早已所剩无几。

守护冰川

国际公约：为了减少温室气体的排放，阻止全球变暖，越来越多的国际公约问世，如《联合国气候变化框架公约》《京都议定书》等。

二氧化碳排放税：1990 年，芬兰开始征收二氧化碳排放税，如今税费已由每吨征收 1.12 欧元增至 20 欧元。1991 年，瑞典也开始对化石能源征收二氧化碳排放税。

环保小行动：我们平时要保护花草树木，节约燃料，节约用电，这些日常行动同样有助于守护冰川。

漂泊的企鹅

全球变暖无疑是企鹅的“致命杀手”。南极冰川融化，磷虾大量死去，海水淹没南极大陆……可怜的企鹅不仅遭遇食物危机，还将无家可归。

体衰的北极熊

作为企鹅的难兄难弟，北极熊也面临着食物锐减和无家可归的困境。同时，北极熊的体质日渐衰弱，繁殖速度正在下降，族群数量也在不断减少。

如果冰川完全消亡……

近年来，南北极的冰川正在加速融化，融化速度大约是 20 世纪 90 年代的 6 倍。如果冰川完全消亡，地球将会怎样？海平面会上升约 66 米，伦敦、悉尼、上海等沿海城市都有可能被完全淹没。曾经稳定的洋流会发生天翻地覆的变化，狂风、暴雨、海啸等也会接踵而至。这些还不是最可怕的，真正让人类担心的是，南北极地区的冰川中埋藏着许多远古病毒，它们至今没有完全灭亡。一旦苏醒变异，它们会迅速传播，人类将陷入无法想象的恐惧之中。

名词解释

搬运：把物品从一个地方运到另一个地方。

暴风雪：伴有风暴的强降雪。一旦暴风雪来袭，大盘雪花被强风卷挟吹行，人们难以判别雪花降自天空抑或飞自地面，能见度降至1千米以下。

冰川：极地或高山地区沿地面运动的巨大冰体。它移动的速度一般每年为几米到几十米。

冰晶：在0℃以下时，空气中的水蒸气凝华成的结晶状的微小颗粒。

冰山：漂浮在海洋中的巨大冰块。极地大陆冰川或山谷冰川末端，因海水浮力和波浪冲击，发生崩裂，滑落海洋中而成。

潮间带：海岸带的一部分，高潮时淹没在水下，低潮时出露水面以上的地带。

潮汐：由于月球和太阳的引力而产生的水位定期涨落的现象。

沉积：水的流速减慢时，所挟带的沙石、泥土等沉淀堆积起来。

臭氧：氧元素的一种同素异形体。淡蓝色，有特殊臭味，溶于水。放电时或在太阳紫外线的作用下，空气中的氧会变为臭氧。

地貌：地球表面各种形态的总称。

地下水：地面下的水，主要是雨水和其他地表水渗入地下，聚积在土壤或岩层的空隙中形成的。

分子：如果将物质比喻为一栋大楼，那么搭建大楼的小砖头就是分子。大量的分子按照一定的规律排列，构成我们所见的各种物质。

浮游植物：悬浮在水层中个体很小的植物，它们的行动能力微弱，受水流支配。

海底热液：从海底裂隙喷出的气液混合体。

海啸：由海底地震、火山爆发、海底滑坡或气象变化产生的破坏性海浪，其波长可达数百千米。

海洋：地球表面连成一体的海和洋的统称。

湖泊：被陆地围着的大片积水。

极光：在高纬度地区，高空中出现的一种彩色光象。

极夜：极圈以内的地区，每年总有一个时期太阳一直在地平线以下，一天24小时都是黑夜，这种现象叫作极夜。

极昼：极圈以内的地区，每年总有一个时期太阳不落到地平线以下，一天24小时都是白天，这种现象叫作极昼。

喀斯特地貌：可溶性岩石（石灰岩等）受含有二氧化碳的流水溶蚀，并加上沉积作用而形成的地貌。形状奇特，有洞穴也有峭壁。

侵蚀：逐渐地破坏或腐蚀。

珊瑚：许多珊瑚虫的石灰质骨骼聚集而成的东西。形状有树枝状、盘状、块状等，有红、白、黑等颜色。

石林：陡峭石峰林立的一种石灰岩地貌。它们高达数十米，形状奇特。

藻类植物：这种植物没有根、茎、叶，绝大多数为水生，极少数可以生活在陆地的阴湿地方。常见的藻类植物有红藻、绿藻、蓝藻等。

沼泽：因地面长期积水或土壤长期过湿致使土壤表层有机质堆积过多而缺乏植物养料的灰分元素的土地。

蒸腾：植物体内的水分以气态形式通过叶子等器官散布到空气中去，这个过程就是蒸腾。

作者简介

张　衡

毕业于中国地质大学，获地质专业硕士学位，湖北省地质博物馆馆员。主要研究方向为地球地质和生态环境。科普作家，致力于科学知识的普及推广。

王惠敏

科普图书编辑，策划编辑《好奇树：自然世界》《德国少年儿童百科知识全书》《飞越太阳系》《地球的故事》《建筑奇观》《南极和北极》等少儿科普图书。

图书在版编目（CIP）数据

水的旅行 / 张衡，王惠敏著. — 上海：少年儿童出版社，2021.10
（中国少儿百科知识全书）
ISBN 978-7-5589-1120-0

Ⅰ. ①水… Ⅱ. ①张… ②王… Ⅲ. ①水循环—少儿读物 Ⅳ. ①P339-49

中国版本图书馆CIP数据核字（2021）第182309号

中国少儿百科知识全书
水的旅行
张　衡　王惠敏 著
刘芳苇　魏孜子 装帧设计

责任编辑 沈　岩　策划编辑 左　馨
责任校对 黄亚承　美术编辑 陈艳萍　技术编辑 许　辉

出版发行 上海少年儿童出版社有限公司
地址 上海市闵行区号景路159弄B座5-6层　邮编 201101
印刷 深圳市星嘉艺纸艺有限公司
开本 889×1194　1/16　印张 3.75　字数 50千字
2021年10月第1版　　2024年10月第5次印刷
ISBN 978-7-5589-1120-0 / Z · 0028
定价 35.00元

图片来源 图虫创意、视觉中国、Getty Images、IC Photo 等
审图号 GS（2021）5094号